A MENTE
DE DEUS

Dr. Jay Lombard

A MENTE DE DEUS

O que as Novas Pesquisas da
Neurociência Revelam sobre Espiritualidade
e a Busca pela Alma Humana

PREFÁCIO DE PATRICK J. KENNEDY

Tradução
Euclides Luiz Calloni

Editora
Cultrix
SÃO PAULO

Título do original: *The Mind of God – Neuroscience, Faith, and the Search for the Human Soul.*
Copyright © 2017 Dr. Jay Lombard.

Publicado mediante acordo com os Estados Unidos pela Harmony Books, um selo Crown Publishing Group, uma divisão da Penguin Random House LLC, Nova York.

crownpublishing.com

Copyright da edição brasileira © 2018 Editora Pensamento-Cultrix Ltda.

Texto de acordo com as novas regras ortográficas da língua portuguesa.

1ª edição 2018.

Todos os direitos reservados. Nenhuma parte desta obra pode ser reproduzida ou usada de qualquer forma ou por qualquer meio, eletrônico ou mecânico, inclusive fotocópias, gravações ou sistema de armazenamento em banco de dados, sem permissão por escrito, exceto nos casos de trechos curtos citados em resenhas críticas ou artigos de revistas.

A Editora Cultrix não se responsabiliza por eventuais mudanças ocorridas nos endereços convencionais ou eletrônicos citados neste livro.

Editor: Adilson Silva Ramachandra
Editora de texto: Denise de Carvalho Rocha
Gerente editorial: Roseli de S. Ferraz
Preparação de originais: Danilo Di Giorgi
Produção editorial: Indiara Faria Kayo
Editoração eletrônica: Join Bureau
Revisão: Vivian Miwa Matsushita

Dados Internacionais de Catalogação na Publicação (CIP)
(Câmara Brasileira do Livro, SP, Brasil)

Lombard, Jay
    A mente de Deus: o que as novas pesquisas da neurociência revelam sobre espiritualidade e a busca pela alma humana/Dr. Jay Lombard; prefácio de Patrick J. Kennedy; tradução Euclides Luiz Calloni. – São Paulo: Cultrix, 2018.

    Título original: The mind of God : neuroscience, faith, and the search for the human soul.
    ISBN 978-85-316-1466-8

    1. Ciências – Filosofia 2. Conduta de vida 3. Deus – Conhecimento 4. Espiritualidade 5. Religião e ciência 6. Terapia alternativa I. Kennedy, Patrick J. II. Título.

18-17599   CDD-204.4

Índices para catálogo sistemático:
1. Desenvolvimento pessoal: Vida espiritual   204.4
Iolanda Rodrigues Biode – Bibliotecária – CRB-8/10014

Direitos de tradução para o Brasil adquiridos com exclusividade pela
EDITORA PENSAMENTO-CULTRIX LTDA.,
que se reserva a propriedade literária desta tradução.
Rua Dr. Mário Vicente, 368 — CEP 04270-000 — São Paulo (SP)
Fone: (11) 2066-9000 — Fax: (11) 2066-9008
http://www.editoracultrix.com.br
E-mail: atendimento@editoracultrix.com.br
Foi feito o depósito legal.

Em memória dos meus pais,
Jeanette e Herman Lombard,
que viram o mundo como ele era
e como poderia ser

"O amor de Deus pelo mundo revela-se na profundidade do amor que os seres humanos podem sentir uns pelos outros."

— MARTIN BUBER

Advertência do Autor

Em respeito aos princípios de confidencialidade e privacidade, e para preservar o anonimato de todos os envolvidos, o nome dos pacientes e alguns outros detalhes foram alterados.

Este livro não pretende substituir as orientações e prescrições médicas. O leitor deve consultar periodicamente um profissional da área da medicina para questões relacionadas à sua saúde, de modo especial diante de manifestações de sintomas ou de doenças que possam necessitar de diagnóstico ou de cuidados médicos.

Sumário

Prefácio: Tornando o Invisível Visível,
Patrick J. Kennedy   13

1: A Mente de Deus   21

2: Deus Existe?   43

3: Neurociência da Alma   75

4: Evolução da Fé e da Razão   101

5: Qual É o Sentido da Vida?   121

6: Somos Livres?   145

7: O Bem e o Mal Existem Realmente?   175

8: Imortalidade: A Lembrança do que é   201

Notas   231

Agradecimentos   247

O Autor   253

Prefácio

Tornando o Invisível Visível

Mais de cinquenta anos atrás, meu falecido tio, o presidente John F. Kennedy, assumiu publicamente com o povo norte--americano o compromisso de explorar, no período máximo de uma década, o espaço sideral, o "espaço exterior". Ele também valorizou sobremodo o "espaço interior" da mente humana, tornando-se o modelo para muitos futuros líderes, inclusive para mim.

Durante os dezesseis anos em que atuei na Câmara de Deputados Federais pelo Primeiro Distrito Congressional de Rhode Island, empenhei-me na aprovação da lei da paridade da saúde mental, e desde então venho apoiando o máximo possível as pesquisas de ponta sobre o cérebro. O cérebro continua sendo um dos mais desconhecidos e menos compreendidos órgãos do corpo humano. Muitos são os desafios relacionados ao cérebro, tanto em termos individuais como em termos sociais. Não obstante, do mesmo modo que podemos detectar, analisar e tratar doenças físicas, como o câncer, também podemos começar a controlar melhor os distúrbios e doenças desse órgão que nos é tão necessário, o órgão onde, afinal, residem o eu e a alma.

Este livro aborda a exploração do nosso espaço interior. Como representantes de uma cultura moderna, podemos descobrir dimensões imensas do belo e ilimitado desconhecido ao explorar esse espaço. Infelizmente, porém, nos deparamos quase sempre com grandes conflitos dentro de nós mesmos e nas nossas relações com os outros. Defrontamo-nos com o estresse, a ansiedade, a raiva e até mesmo com o ódio injustificado. Essas são as doenças mais prementes do nosso tempo. Basta sintonizar por alguns minutos um canal noticioso da TV em qualquer momento do dia para perceber a epidemia generalizada de mentes limitadas, perdidas, desorientadas, doentes ou destrutivas propensas à discórdia. O que podemos fazer? Confiamos esses problemas à medicina, mas em geral a causa básica é existencial, de origem mais profunda. Neste livro, queremos examinar o que isso significa.

Não existe saúde sem serenidade *mental*. Do mesmo modo como pesquisamos profundamente as causas de doenças como o câncer, precisamos investigar com a mesma energia e rigor os distúrbios do cérebro. A importância e o custo humano dessas doenças não podem ser medidos apenas em termos econômicos; elas atingem a essência da nossa existência, o conteúdo da nossa vida. O número de pessoas que sofrem é incalculável. As enfermidades cerebrais constituem a causa primeira do desajuste de adultos em todo o mundo. As nossas crianças também não estão imunes, sendo decisiva a intervenção precoce: mais de 6 milhões de crianças norte-americanas apresentam problemas emocionais ou comportamentais. Talvez não haja uma categoria de cidadãos que predomine nas linhas de frente da incapacidade mental do que a dos militares. Mais da metade dos combatentes feridos mais gravemente em nossas guerras recentes sofre de lesão cerebral traumática (LCT) ou de transtorno de estresse pós-traumático (TEPT). E 60% deles não recebem tratamento. Os soldados que retornam são simplesmente abandonados em meio a um sistema complexo e tortuoso, o que talvez explique por que 20% dos suicídios nos Estados Unidos sejam cometidos por veteranos.

Nada disso nos descortina um prognóstico favorável. Temos boas razões para nos preocupar com o futuro do nosso país. As crianças estão cada vez mais ansiosas, estressadas e até violentas, e os medicamentos prescritos e controlados vêm sendo a cada dia mais liberados e até se tornando imprescindíveis para aquelas que são tratadas. O primeiro passo para abordar as causas fundamentais dessas doenças é a pesquisa permanente, através de projetos como a Brain Research through Advancing Innovative Neurotechnologies (BRAIN) Initiative®, que compreende a pesquisa do cérebro mediante o uso de neurotecnologias inovadoras avançadas. A iniciativa, que está mapeando e visualizando os circuitos do cérebro, tem não apenas nos ajudado a compreender melhor o complexo comportamento humano, mas também produzido novos e profundos avanços no tratamento de distúrbios cerebrais. Mas não podemos tratar algo que mal conseguimos entender – pelo menos não com toda a eficácia possível. Essa é a ideia que move o Instituto One Mind e outras iniciativas globais para a saúde do cérebro em que pessoas trabalham em conjunto para acelerar de modo decisivo a ciência aberta para benefício de todas as pessoas afetadas por doenças e lesões cerebrais e por deficiências intelectuais e emocionais a elas relacionadas. Definitivamente, há esperança, mas precisamos dominar plenamente todos os aspectos do problema.

Em todo o mundo, os neurocientistas do Human Connectome Project (HCP) passaram os últimos cinco anos mapeando o cérebro, compilando um repertório inigualável de dados neurais sobre a rede fantasticamente intrincada de conectividade que se aloja no interior do crânio humano. Esse mapeamento cerebral virtual possibilita hoje aos pesquisadores um acesso sem precedentes à estrutura e à função do cérebro vivo – e à sua disfunção sempre presente. Com pelo menos 100 trilhões de sinapses e centenas de quilômetros de circuitos neurais – todos eles com a função de dirigir nossos pensamentos, criar nossos sentimentos, recuperar nossas lembranças e possibilitar a emergência da nossa consciência – o cérebro é o mais fascinante de todos os nossos órgãos, apesar de ainda ser o menos compreendido deles.

Não por muito tempo, porém. Com as propriedades da neurociência praticada pelo dr. Lombard, procuramos preencher essa lacuna; identificar, prevenir e tratar as principais doenças; prolongar a vida; e, talvez o mais importante, melhorar a qualidade de vida ao longo da caminhada. Por fim, procuramos curar um mundo que nestes tempos passa por momentos de grande aflição.

Mas o motivo por que o dr. Lombard e eu atribuímos este eminente *status* à neurociência é mais profundo e ao mesmo tempo mais simples: a nossa missão é colaborar, cooperar e de alguma forma unir forças, não apenas para investigar as causas e tratamentos dos distúrbios cerebrais, mas também, acima de tudo, para prevenir sua ocorrência. Alcançamos este segundo objetivo fazendo a nossa parte a cada oportunidade que se apresenta para tornar nossa experiência da vida e a dos nossos semelhantes o menos traumática, dolorosa e danosa possível. Também isto será difícil. Nosso sofrimento é imenso e extremamente difundido.

Sei o que isso significa por experiência própria. Ainda preciso controlar as minhas disfunções cerebrais. O maior obstáculo que consegui superar foi transformar minhas afecções mentais em meios pelos quais servir, apoiar os outros e trabalhar para me tornar a melhor pessoa que posso ser, para mim mesmo e para a minha família. Sobrevivi à depressão, ao transtorno bipolar, ao alcoolismo e à toxicodependência. E, com a minha história pessoal, cheguei a compreender a necessidade da ascensão, tanto a particular como a coletiva. Primeiro, acabar com a estigmatização; depois, identificar e estudar; e, por fim, amenizar os distúrbios cerebrais. Todas essas são missões tão imperativas – ou mais ainda – quanto levar seres humanos para a Lua ou para Marte.

Fazer grandes avanços para um mundo melhor exigirá cooperação sem precedentes na extensa fronteira da pesquisa do cérebro, e isso significa reunir todas as principais organizações relacionadas com esse campo. Precisamos conjugar esforços e constituir parcerias públicas e privadas que possam abrir a misteriosa caixa-forte do cérebro de uma vez por todas, assim como fizemos com o coração, com o pâncreas e com todos os demais órgãos vitais.

O dr. Lombard e eu alimentamos um otimismo cauteloso. Não obstante a enorme complexidade do cérebro humano, hoje estamos mais perto do que nunca de revelar a espantosa simetria entre o nosso cérebro e o grande Cosmos, as misteriosas conexões do microscópico e do macroscópico. Esse órgão, abaixo de Deus, com a liberdade de cair presa dos demônios ou de seguir um caminho mais saudável e produtivo, é o único implemento que usaremos para curar a nós mesmos e aos outros.

Unir-nos, como nos lembra o dr. Lombard, significa elevar nossas mãos para confessar, sem qualquer resquício de vergonha, que todos nós padecemos. Temos problemas de comportamento inoportuno. Temos tendência para a discórdia e para a guerra. Ficamos consternados quando perdemos os que amamos, como aconteceu comigo quando meu pai, Ted Kennedy, morreu de câncer no cérebro, em 2009. O homem que sentava ao lado da minha cama nos meus frequentes adoecimentos na minha juventude. Sou grato a Deus por aquele tempo.

Precisamos nos unir como famílias – não são apenas nossos títulos de familiaridade que criam laços duradouros.

Precisamos nos unir em nossos relacionamentos íntimos – precisamos encontrar alguém, como encontrei em minha esposa, que participe da nossa missão, que nos acompanhe e se deixe acompanhar, mesmo que isso signifique que cada um deva expressar vulnerabilidade.

Precisamos nos unir como amigos – não sei o que eu teria feito sem o apoio do meu padrinho no grupo de Alcoólicos Anônimos, um colega do legislativo. É possível criar laços de amizade com as pessoas mesmo não compartilhando da mesma fé ou da mesma ideologia. Se uma das nossas ideologias inclui curar o mundo (ou pelo menos não torná-lo pior para a geração seguinte), então podemos nos dar bem. Se parte da nossa crença é a fé que podemos depositar um no outro para pensar no "outro" como "irmão", estamos no caminho certo.

Por fim, precisamos nos unir como buscadores espirituais: precisamos nos dispor sinceramente a estabelecer um diálogo respeitoso com líderes religiosos de todas as denominações e a ouvir, aprender e oferecer a melhor educação possível sobre o cérebro, sempre baseada em provas. Se pudermos reunir os adeptos da ciência e as pessoas de fé para um diálogo substantivo, *então* estaremos cumprindo a nossa missão.

Assim como a espiritualidade é muitas vezes necessária para que indivíduos se recuperem do vício das drogas, ela exercerá um papel vital em qualquer recuperação da nossa espécie das devastações sofridas por nosso cérebro, arrastado para a hostilidade e para o niilismo.

E se reprogramássemos nosso cérebro para o amor, a ajuda ao próximo e outras conquistas sobre o sofrimento? A capacidade de compreender a *nós mesmos* no nível mais fundamental, existencial e teológico não representaria uma enorme força transformadora para nós mesmos e para toda a comunidade global?

— Patrick J. Kennedy
Brigantine, Nova Jersey, julho de 2016

1

A Mente de Deus

"Se descobríssemos uma teoria completa, com o tempo ela deveria se tornar compreensível a todos, não apenas a alguns cientistas. Todos nós, então, filósofos, cientistas e pessoas comuns, teríamos condições de participar do debate em torno do porquê nós e o Universo existimos. A resposta a essa questão seria o triunfo definitivo da razão humana, pois chegaríamos ao conhecimento da Mente de Deus."

— STEPHEN HAWKING[1]

Corria o ano de 1990 e eu iniciava minha residência em neurologia. Sob as luzes fluorescentes do laboratório de patologia do Centro Médico Judaico de Long Island, eu observava o espécime que tremeluzia sobre a bancada. Eu havia examinado vários cérebros até então, mas esse parecia diferente. À primeira vista, eu não conseguia saber por quê.

Os cérebros haviam sido selecionados dentre o grupo de pacientes falecidos naquela semana em nosso movimentado hospital. Como fazia todas as semanas, a neuropatologista dispusera os cérebros com todo o cuidado, inclusive com seus troncos cerebrais, diante de nós, os médicos residentes. Antes de qualquer outro procedimento, ela pesou esse cérebro em particular, que chegou a apenas 1.005 gramas, pelo menos 10% mais leve do que o normal. Observei a etiqueta na capa do laudo clínico – *Sexo feminino, 5 anos, Haemophilus meningitis.* Meu estômago embrulhou.

Era o cérebro de uma criança.

Eu não estava preparado para aquilo. Era o primeiro cérebro pediátrico que eu via de perto. O que tornava a minha tarefa sobremodo angustiante era que eu sabia a quem o cérebro pertencia: uma menina chamada Sara. Eu havia conhecido Sara apenas alguns dias antes na UTI pediátrica. Uma onda de tristeza tomou conta de todo meu ser, mas senti também outra emoção – assombro. Deslumbramento puro. À minha frente estava o epicentro da existência de Sara. Cada pensamento que essa linda menina havia pensado, cada sonho que havia sonhado, cada esperança de um futuro brilhante e promissor haviam aparentemente se originado nessa massa de protoplasma. Mas eu precisava prosseguir. Como é em geral necessário na minha profissão, eu precisava controlar essas emoções e tomar coragem para executar a tarefa que se apresentava. Mas minha mente ardia, cheia de perguntas sem respostas imediatas.

Quando examinamos o cérebro dessa pobre criança, descobrimos uma inflamação generalizada das meninges, as membranas protetoras que recobrem o cérebro e a medula espinhal. Encontramos vestígios da severa inflamação que ocupara todo o crânio desde os nervos cranianos até a base da medula. Sara havia morrido de meningite clássica.

A menina não apresentava um histórico médico precedente de meningite, o que não me surpreendeu, pois eu sabia que a eclosão da doença pode ser quase apocalíptica. Um dia Sara era uma criança de 5 anos perfeitamente saudável, brincando em casa com a família. No dia seguinte ela sentiria uma dor de cabeça que aos poucos se intensificaria, acompanhada de cansaço, febre, náuseas e uma sensação de mal-estar geral. No começo, os pais lhe teriam dado Tylenol infantil, cuidando dela em casa (todos apresentamos esses sintomas uma vez ou outra, por isso parecia não haver motivos para alarme).

Depois de um dia sem mostrar sinais de recuperação, porém, os pais telefonaram para a pediatra, que recomendou que levassem a menina para o pronto-socorro. Ninguém imaginava àquela altura que Sara estava às portas da morte. Infelizmente, a providência tomada foi de uma rápida e desoladora transferência da sala de emergência para a UTI, onde o estado de Sara agravou-se sensivelmente. Vários exames foram feitos logo em seguida, na esperança de encontrar uma solução. Mas então ocorreu uma parada cardíaca súbita. Constatei no prontuário médico de Sara as desesperadas e angustiantes tentativas de reanimação cardiopulmonar (RCP).

Parada cardíaca às 4h35. RCP realizada durante 45 min. Epinefrina, dopamina e marca-passo externo. Incapaz de restabelecer a pulsação ou manter

a pressão arterial. Óbito declarado às 5h18. Médico
da paciente e família notificados.

As palavras esmoreceram na minha mente. Foi assim afinal que Sara – o seu cérebro, pelo menos – chegara ao laboratório de patologia do porão. E para mim.

Voltei à minha tarefa. À medida que fatiava o cérebro de Sara, admirava-me ao constatar como ele ainda conservava um colorido rosa carnoso em algumas partes – e aquela justaposição de vida pueril, rósea, frente à morte cinzenta da matéria cerebral fatiada atingiu-me uma segunda vez como um paradoxo incompreensível. Eu via pedaços do cérebro, e as grandes questões da vida me inundavam até mesmo nesse momento de dissecação. Poderia a tosca carne do cérebro de Sara ter de fato contido todo o elaborado tecido do ser de Sara – suas emoções, lembranças, esperanças e todos os aspectos intangíveis da sua existência? Pensar que essa menininha comia, dormia, sonhava, imaginava, ria, contava historinhas, abraçava os pais e formulava toda a sua concepção do mundo ao seu redor graças ao poder dessa mera porção de carne... Sem dúvida nenhuma, no interior do cérebro – ou talvez além dele – existia algo maior, a essência primordial imaterial de uma pessoa que ainda sobrevivia.

A luz do laboratório oscilava, ameaçando deixar a bancada no escuro, o cérebro à minha frente. Imaginei como bilhões de pessoas apegam-se à ideia de alguma espécie de vida após a morte.[2] Talvez estejam apenas iludidas ou alimentando algum grau de negação. Mas, e se não estiverem? E se a realidade de uma vida após a morte for de fato plausível? E se pudéssemos comprovar essa realidade recorrendo aos rigores da ciência? Minhas perguntas não ficaram nisso.

Lá estava eu, um jovem médico iniciando sua carreira profissional num mundo de objetividade, apenas avaliando fenômenos possíveis de quantificar, e me deparando com as grandes interrogações da vida: Havia alguma outra verdade que eu precisava encontrar por mim mesmo? Sem dúvida, com relação ao fim da vida de um ser humano, devia existir algo maior do que a realidade que Hamlet chamaria de "esquecimento bestial". Mas o que era esse "algo maior"? E eu poderia conciliá-lo com o que eu conhecia sobre a ciência?

O que Fez Sara Ser *Sara*?

Avance quase três décadas desde aquele dia no laboratório de patologia. Eu continuo sendo um neurologista totalmente imerso na neurociência, ainda atuando em um mundo concreto de mensurações e dados. Não obstante, os questionamentos daquela época sobre a existência de algo além da matéria e da forma persistem.

Em uma definição simples, neurociência é o estudo do cérebro – é o portal que nos possibilita descobrir, no código antes insondável do cérebro, a verdadeira natureza do nosso ser. Entretanto, somos muito mais do que mero intelecto, mais do que computadores humanos que tomam decisões. Quanto mais descobri sobre o cérebro vivo, mais segredos desvendei sobre a natureza dos seres humanos, do Universo, do propósito da nossa vida e da possível existência de algo além de tudo isso. Para mim, neurociência não é apenas o estudo do cérebro: é uma ferramenta com a qual podemos tornar o invisível visível. Como Antoine de Saint-Exupéry escreveu em sua obra-prima *O Pequeno Príncipe*: "O essencial é invisível aos olhos".[3] Palavras mais verdadeiras jamais foram escritas. Ao investigar o cérebro humano, podemos descobrir mais sobre a natureza da fé, da crença e da esperança. Assim, existem evidências racionais e lógicas que podem nos ajudar a responder os grandes questionamentos da vida.

Nas páginas seguintes, desejo levar o leitor em uma viagem cerebral – literal e figurativamente – através das profundezas da mente, para perscrutar as questões mais importantes a respeito da vida e constatar como a neurociência pode ajudar a respondê-las:

1. Existe um Deus?
2. Os seres humanos têm alma?
3. Somos especiais? (Isto é, os humanos são diferentes dos outros animais?)
4. Temos livre-arbítrio – ou a nossa vida é predeterminada?
5. Qual é o sentido da vida? Existe um propósito superior para a nossa existência?
6. Diante das manifestações do mal no mundo, tão predominantes, é possível a existência de algo como um Deus bom?
7. Existe vida após a morte?

Essas perguntas me desafiaram durante muito tempo a procurar respostas. Muitos neurocientistas contemporâneos certamente não concordarão com as minhas conclusões. Dirão por exemplo que a consciência de alguém – a implícita, porém onipresente "percepção de ser" – reduz-se a mudanças produzidas acionando-se um sistema liga/desliga, como em um circuito elétrico. Para muitos desses homens e mulheres inteligentes, o que acontece em nosso estado mental é simplesmente uma função de reações físicas (neurais, biológicas, eletroquímicas). A crença geral entre cientistas, médicos e profissionais da área é que somos seres puramente materiais, sem uma alma que seja dotada de algo mais do que partículas químicas e biológicas elementares. A maioria dos neurocientistas sustenta que não há evidências físicas de uma existência além da matéria, que toda sensação subjetiva pessoal de um eu enquanto alma ou ser imaterial é uma ilusão, uma simulação montada para ocultar os cômputos secretos reais e as operações neurais do cérebro.

Não obstante, ao discutir esses tópicos com meus colegas, muitos entre os mais humildes reconhecem que existem brechas no modo de pensar científico convencional, espaços ainda a serem preenchidos no mundo científico – e aquilo que pode preencher esses vazios remete à realidade do intangível. Esses hiatos são identificados como o "difícil problema da consciência",[4] expressão cunhada pelo eminente filósofo da mente David Chalmers para descrever o enorme abismo entre o físico e o fenomenológico, entre os sentidos tangíveis e nossa experiência suprassensorial a partir deles.

Examinemos a questão um pouco mais de perto. Enquanto o nosso cérebro é de fato biológico, a experiência por ele gerada – nossos pensamentos, sentimentos e crenças – está além da dimensão observável e mensurável. Nossas percepções subjetivas, ou seja, os aspectos qualitativo e de prontidão do nosso ser, não podem ser apenas subprodutos de processos neuroquímicos. "Mesmo se conseguisse mapear o padrão preciso das ondas cerebrais subjacentes aos nossos estados subjetivos, esse mapeamento apenas explicaria o correlato físico da experiência, mas não seria esses estados em si. As experiências de uma pessoa são tão intrinsecamente reais quanto são reais suas ondas cerebrais, e diferentes destas."[5] Ou, para usar outra imagem, se todos somos peixes em um aquário, como observamos a nós mesmos fora do aquário?

A consciência não é algo a ser temido ou descartado. As raízes latinas da palavra *consciência* significam "saber com", e assim esse atributo caracteristicamente humano é um presente que nos propicia a capacidade de investigar em conjunto o sentido da nossa existência. Se conseguíssemos abrir esse presente, veríamos que os vazios percebidos entre matéria e espírito, entre mente e cérebro, escondem uma realidade mais profunda, intrínseca e fascinante. Essa realidade é a experiência de algo inefável – mente, alma, espírito, ou mesmo energia –, que é ao mesmo tempo irredutivelmente complexo e fundamental para o nosso ser.

É o que fez Sara ser *Sara*? É o que me faz ser *eu*? É o que faz você ser *você*?

Fé na Ciência

Sou acima de tudo um neurologista profundamente envolvido com dados empíricos. Tenho uma enorme fé na ciência. Eu e milhares de outros médicos e cientistas assentamos nossa carreira profissional sobre as bases da integridade do método científico, que se mostrou extremamente útil para ajudar a prever e manipular fenômenos naturais, químicos e biológicos. Nesse processo de descoberta, não queremos de forma alguma ignorar a ciência. Pelo contrário, queremos usar a ciência como trampolim para recolher, aprender e conhecer tudo o que pudermos sobre quem somos. Compreendo que a ideia da possibilidade de encontrar a verdade tanto "dentro" como "além" da ciência pode ser de difícil – se não impossível – entendimento para algumas pessoas, especialmente para nós, cientistas. Lembre-se dos peixes no aquário. Mas com ciência, fé e um pouco de raciocínio, podemos nos aproximar do vidro e ver que existe alguma coisa além, e que ela é extraordinária.

A Ciência É a Única Verdade?

Como mencionei antes, muitos acreditam que a ciência é a única verdade. No entanto, a verdade pode ser encontrada tanto "dentro" quanto "além" da ciência. Podemos encontrar a verdade na filosofia, na literatura, nas artes, na música, na história. Podemos encontrar a verdade no tecido da vida que está além do que vemos e medimos. O renomado físico Max

Planck expressou um sentimento semelhante: "A ciência não tem condições de resolver o mistério fundamental da natureza. Isso porque, em última análise, somos parte da natureza e, portanto, fazemos parte do mistério que tentamos desvendar".[6] Em outras palavras, peixes em um aquário.

Algumas pessoas identificarão essas outras formas de verdade como fé, mas não me sinto muito à vontade com esse termo. *Fé* é uma palavra muito pesada, muito pessoal e carregada, repleta de conotações as mais variadas. Para muitas pessoas, ter fé é "dar um salto cego" ou "lançar-se no imenso desconhecido". Mas esse tipo de fé é demasiado limitado. O tipo de fé a que me refiro neste livro não pede que desconsideremos os fatos. Em vez disso, insiste em que examinemos os fatos, para então prosseguirmos embasados neles. A fé que tenho em mente (se ainda quisermos chamá-la de fé, o que faremos para fins de discussão) é uma fé informada pela ciência, pela mensurabilidade e pela lógica, não pela cegueira. Essa fé pergunta: e se de fato existissem razões consistentes para acreditar no intangível? O que é fé? Fé significa aceitar que existe uma realidade maior além dos nossos sentidos e do nosso intelecto. Podemos usar o intelecto para nos instruir sobre como devemos viver a nossa vida, mas a fé nos ensina o sentido e propósito da nossa existência. E se existirem razões consistentes nas quais possamos nos agarrar e viver segundo a veracidade daquilo que não pode ser visto?

Como cientista e ser humano que se debateu com o sentido da fé na sua própria vida e também com muitos pacientes que se empenham em descobrir se a vida tem algum significado mais profundo além do aqui e agora, acredito que é possível desenvolver uma análise tanto da dimensão biológica como da dimensão transcendente do ser humano e verificar como essas dimensões podem interagir positivamente entre si. Deve haver um equilíbrio.

Precisamos ter ciência.

E precisamos ter fé.

Advertências e Definições

O leitor deve desde já ter em mente que não estou conclamando ninguém a participar de uma religião específica ou de sistema de crenças em particular. Também não estou incentivando as pessoas a aceitar as definições ou descrições peculiares de Deus que se encontram em qualquer livro sagrado histórico. Não estou tentando converter ninguém, e este livro não divulga nenhuma religião específica. É um livro sobre a fé em sua dimensão mais ampla, essa espécie híbrida de fé científica ao "estilo Mente-de-Deus", mediante a qual procuramos entender o sentido da nossa vida através do portal da neurociência e do que descobrimos sobre o funcionamento do nosso cérebro. O principal motivo que me leva a escrever estas páginas é o fato de acreditar que os seres humanos como espécie poderão viver uma vida mais plena alimentando esse tipo de fé – uma fé revigorada e iluminada pela ciência, e não em dissonância com ela.

Há uma narrativa maior aqui que se propõe a reunir os muitos fragmentos e fios da nossa existência biológica e imaterial.

Como já mencionei em parte, estou praticamente convencido de que, seja em termos intelectuais ou filosóficos, seja em termos psicológicos ou neurológicos, nunca decodificaremos a essência de Deus, e tampouco deveríamos perder tempo discutindo esse tipo de coisa. Por outro lado, devemos nos preocupar com o modo como vivemos a vida e oferecer ajuda, bondade, amor, cura e perdão aos nossos semelhantes. Através da fé, nossas ações sempre falarão mais alto do que as palavras que usamos para descrevê-las.

Desse modo, o propósito deste livro é nos ajudar a compreender melhor o cérebro, para então entender com mais precisão a mente (cérebro e mente são coisas distintas, como veremos mais adiante). Assim fazendo, podemos refletir e dialogar sobre o que poderia haver além da nossa mera biologia. Minha esperança é ajudar a compreender o intangível, o que por sua vez ajudaria a nos aproximar uns dos outros, a respeitar uns aos outros e, por fim, a nos curar uns aos outros, abraçando a fé em nossa vida.

O que defendo é uma fé ativa – não uma crença passiva em superstições ou rituais superficiais. Fé ativa implica ver além das nossas diferenças e abraçar a verdade da conectividade: o fato de que as nossas ações exercem grande impacto sobre as outras pessoas. Se você está com sede em um dia quente de verão e eu lhe dou um copo de água fresca, estou praticando a minha religião e, nesse sentido, fazendo a vontade do intangível. Estou fazendo a vontade de Deus. Oferecendo-lhe o copo de água fresca, estou criando empatia e boa vontade com relação a você. Estou me ligando a você de um modo que vai muito além do que muitos acreditam ser a nossa rígida natureza evolucionária de dominar, reproduzir e sobreviver como um dos mais aptos da nossa espécie.

A grande mensagem deste livro é muito prática: uma mudança de coração. Empatia. Altruísmo. Compaixão pelos outros. Quanto mais pudermos participar de uma fé ativa mais abrangente, de uma verdade e de uma crença em algo além da materialidade, mais compreensivos e afáveis seremos com o nosso próximo. Esse tipo de fé pode nos unir como povo, não nos separar. Em nossos relacionamentos mútuos é que encontramos nossa verdade e nosso propósito coletivos. Retornarei com frequência a esse ponto nestas páginas: a fé deve levar à compaixão. Deve! Caso contrário, que serventia teria? Só podemos compreender a Mente infinita de Deus mediante nossa capacidade de nos amar e compreender profundamente uns aos outros.

Fé e ciência podem andar de mãos dadas, e não vejo nenhum fosso intransponível entre o mundo de Deus e o mundo da evolução. Naturalmente, sou adepto da evolução. Tudo está evoluindo e se adaptando, mas eu diria que o Universo foi criado com intenção, uma "potencialidade intrínseca".[7] A ação da pura casualidade *ex nihilo* não tem condições de criar a complexa ordem que encontramos no Universo hoje, por isso é sumamente plausível que o Universo tenha sido originalmente criado por alguma espécie de causa primeira, seja ela pessoal ou não. O *big bang* deve ter incluído um conjunto de programas cosmológicos que levaram as galáxias e átomos a se comportar da forma como se comportam. Como esses programas passaram a operar sem a intervenção de alguma espécie de intenção? Faz realmente sentido supor que o mundo em si, sem a presença de Deus, faria algo que poderíamos com sensatez considerar como "orientado para" determinadas situações e não para outras?[8] Objetivos implicam ação, e ação é evidência da mente. O filósofo alemão do século XVIII, Immanuel Kant, um dos maiores pensadores de todos os tempos, colocou uma ideia semelhante em movimento. Ele escreveu:

> Encontramos em toda parte no mundo sinais claros de uma ordem condizente com um propósito determinado [...]. As diversas coisas não poderiam elas mesmas ter cooperado [...] para a realização de determinados propósitos finais [...] se não tivessem sido escolhidas e designadas para esses propósitos por um princípio racional ordenador em conformidade com ideias subjacentes [...]. Existe [...] uma causa sublime e sábia [...] que deve ser a causa do mundo não meramente como natureza todo-poderosa operando cegamente [...], mas como inteligência, através da *liberdade*.[9]

As Origens da Doença

Durante os estudos de neurologia, os professores ensinam que, ao diagnosticar um distúrbio cerebral, devemos levar em consideração todos os sinais e sintomas apresentados pelo paciente, pois eles nos ajudarão a descobrir o local da doença. Localizando o ponto no cérebro onde uma determinada doença se aloja, podemos diagnosticá-la melhor e desenvolver estratégias mais eficazes para tratá-la ou prevenir sua recorrência. Em outras palavras, descobri-la, identificá-la e curá-la.

Mas como localizar uma doença intangível – aqui com o significado de aflição, angústia, sofrimento – de raízes existenciais? Podemos medir todo o teor de sal das nossas lágrimas com os instrumentos mais sensíveis e, no entanto, jamais poderemos compreender de fato o sentido da tristeza. Como quantificar a esperança, a fé, o amor ou a alegria? Como encontrar as causas da desesperança, do niilismo ou das crenças destrutivas, para então removê-las? A necessidade da fé está tão profundamente encravada em nossa biologia que, mesmo não a identificando, de qualquer modo sua ausência se fará sentir. Aprendi essa lição bem no início do meu treinamento, mas não foram os manuais que me propiciaram esse aprendizado.

Imagine novamente o Hospital Judaico de Long Island. Sou um médico-residente, no ano de 1989. Fui incumbido de acompanhar uma mulher com câncer ovariano com metástase avançada. Eva estava acamada, com icterícia e com ascite, um acúmulo de fluido que produz inchaço abdominal. Nesse estágio avançado, pouco podíamos fazer por ela além de tratar infecções ligadas a essa condição, proporcionar-lhe o maior conforto possível e aliviar sua dor. Tudo não passava de uma questão de tempo.

Todos os dias, a primeira coisa que eu fazia pela manhã era ir ao quarto de Eva, falar com ela, verificar os sinais vitais, encaminhar os exames de sangue, segurar sua mão, sempre tentando encorajá-la e transmitir-lhe esperança. Eu tomava breves anotações sobre o avanço do seu quadro. Falávamos sobre o tempo, as enfermeiras, as notícias. Ela sorria sempre que eu entrava no quarto, e partilhava duas ou três piadas extraídas de um rico depósito de humor. Eu lhe perguntava sobre sua família, os vários semblantes que se projetavam de porta-retratos colocados sobre o peitoril da janela, e ela falava livremente sobre as pessoas de maior significado em sua vida. Se uma onda de dor sobreviesse, eu sempre poderia represá-la perguntando-lhe sobre seus netos. Um jogava hóquei. Outro era um padeiro em ascensão. Um sorriso aflorava no rosto de Eva quando descrevia carinhosamente cada um deles.

Fiz isso durante 25 dias – e durante todo esse período minha paciente viveu. Mas duas coisas começaram a me inquietar. A primeira era o fato de que esse tipo de função médica não é geralmente considerada uma prioridade alta para um residente de primeiro ano. Nós, médicos, somos todos um pouco arrogantes nessa etapa inicial da carreira (tenho consciência de que eu era), e então comecei a pensar que toda essa confabulação poderia ser realizada de forma mais adequada por uma assistente social. Seguramente, a melhor forma de empregar meu tempo seria tratando pacientes "de fato" de acordo com a minha especialidade médica. A segunda razão era que eu estava sentindo aquela pressão contida e terrível que todo médico-residente sofre quando deseja que o paciente saia da sua lista de visitas. Quando você tem de quinze a vinte pacientes sob seus cuidados, quanto maior o número de pacientes, mais pesada se torna a carga de trabalho. É matemática básica. Fica-se sob pressão para aliviar a carga dispensando os pacientes o mais rápido possível ou transferindo-os para um serviço alternativo do hospital. Não é um objetivo nobre, reconheço, mas é uma pressão que todos sentimos.

No vigésimo quinto dia, eu disse ao meu chefe de residência que infelizmente não havia mais nada que pudéssemos fazer por Eva. Essa era a verdade nua e crua. O passo seguinte seria transferi-la para uma unidade de cuidados paliativos ou mandá-la para casa para morrer. O chefe de residência chamou o marido de Eva para analisarem as opções. Lembro-me de que fiquei atrás da cortina hospitalar divisória observando o homem e ouvindo suas reações. Ele estava muito aborrecido. Ninguém quer receber uma notícia dessas. Fui para casa aquela noite e voltei na manhã seguinte, o vigésimo sexto dia.

Acontece que Eva entrara em óbito durante aquela noite.

Tecnicamente, eu não fizera nada errado. Eu sabia disso. Mas houve uma coincidência de forte impacto sobre mim entre a minha decisão de interromper o atendimento e o falecimento de Eva. Eu me senti culpado. Eu havia lhe dado esperança em todos aqueles 25 dias em que eu a visitara. Então, com a minha decisão de transferir para outros o cuidado que eu lhe prestava, sua esperança esmoreceu. Quando dissemos ao marido que não havia mais nada que pudéssemos fazer por ela, eu sem querer cortei a corrente de energia da minha paciente. Eva não viveria por muito mais tempo de qualquer modo, mas aquela esperança poderia ter-lhe rendido mais alguns dias, pelo menos. Até algumas semanas, talvez. Esperança: invisível, intangível, às vezes nada prática.

Fiquei muito impressionado então, pela primeira vez na minha carreira médica, com a importância que o poder da fé tem para preservar a vida – as forças poderosas, embora invisíveis, que não podemos medir ou quantificar mas que são essenciais para o âmago do nosso ser.

Como jovem médico, eu me encaminhava para uma vida imersa em um mundo de fatos – uma vida que podia ser vista sob um microscópio, examinada em um gráfico ou em um exame, ou prescrita e entregue em um frasco. Até travar contato com Eva, eu havia subestimado e minimizado muito o lado não clínico da atividade médica. Minhas visitas a ela, as perguntas sobre os seus filhos e netos, nossas trocas de brincadeiras e gracejos – todo esse ritual de "depuração" revestia-se de uma importância muito maior do que eu havia imaginado. No caso de Eva, a ferramenta da "esperança" – a expectativa de que haveria um amanhã e um dia seguinte – tornou-se o elemento motivador do modo como ela viveu e do modo como morreu.

Décadas se passaram, e o que aprendi com o caso de Eva continua a me influenciar. Tratei milhares de pacientes ao longo da minha carreira, e continuo imerso em um mundo de fatos; são no entanto as coisas que não podem ser medidas que continuam a exercer enorme fascínio sobre mim. Com muita frequência, nós, médicos, acreditamos que, se não podemos medir alguma coisa, ela não é real ou não existe. Mas antes do falecimento de Eva, eu havia encontrado algo leve e insubstancial. Algo real e de imenso poder.

E que não podia ser medido.

Estou muito feliz com o arsenal ilimitado de procedimentos médicos quantificáveis à minha disposição para usar em benefício dos meus pacientes. Imagine onde estaríamos hoje sem os aparelhos de ressonância magnética (IRM)? Ou sem o ultrassom com *doppler* (usado para avaliar o risco de um AVC)? Ou o eletroencefalograma (exame que mede e registra a atividade elétrica do cérebro)? Eu adoro fatos e adoro a ciência, adoro os extraordinários avanços conquistados no campo da medicina ao longo dos anos. No entanto, hoje, à medida que me aproximo dos 70 anos, estou mais convencido do que nunca de que coisas essenciais existem, embora sejam invisíveis ao olho humano, e essa consciência nos motiva a refletir sobre o que Thomas Moore descreveu tão bem como "os mistérios paradoxais que transformam luz e escuridão na grandeza do que a vida humana e a cultura podem ser".[10] Afinal, algumas das maiores obras-primas de arte são as que revelam uma compreensão dessa relação entre luz e sombra.

Mente Sagrada

Minha esperança com relação a este livro orienta-se para cada leitor em sua individualidade, independentemente da fé professada por cada um deles. Este livro é para *você*. Rogo que não perca a fé por causa da ciência. Muito pelo contrário, solicito-lhe insistentemente para que aumente ainda mais a sua fé com a ajuda da ciência. Fé e ciência não são incompatíveis. Elas constituem sistemas integrados, não separados.[11] Em última análise, espero que você encontre um sentido profundo de propósito em sua vida e em seus relacionamentos. Se almeja um sentido maior para a sua vida, uma compreensão da vida para além do aqui e agora, ou se deseja uma relação mais profunda com Deus e mais próxima com as pessoas, o meu convite para você é no sentido de começar sondando a Mente de Deus através da janela da sua própria mente, e assim descobrir uma mente que é fecunda, uma mente que acolhe sem cessar, uma mente, enfim, criadora e não destruidora. Com essa abertura de pensamento, sua vida pode mudar de forma positiva e radical.

A neurociência nos oferece um entendimento dos fundamentos materiais da nossa existência imaterial. Como Rebe Lubavitcher escreveu certa vez, "a realidade não é um produto da nossa mente, mas [...] *a mente é um produto dessa realidade*. A razão pode nos levar até a porta dessa realidade, mas, para entrar, precisamos de outras ferramentas".[12] É esse instrumento geminado – o cérebro humano e a mente – que nos infunde a capacidade de indagar a respeito das questões existenciais mais profundas que nós, seres humanos, sempre levantamos e procuramos responder – perguntas sobre o nosso propósito, significado e atitudes. Esse esforço acompanha toda a história da humanidade e consiste pura e simplesmente na tentativa de buscar a alma humana. "Hackeando" o código secreto do *software* do nosso cérebro, temos a possibilidade de encontrar o homem atrás da cortina. E se por acaso encontrarmos esse homem (o que tentaremos fazer no próximo capítulo), o que ele poderá nos revelar?

Em termos literais, trata-se da capacidade de encontrarmos novamente o nosso caminho de casa.

2

Deus Existe?

"Onde está o conhecimento que perdemos na informação?"

— T. S. ELIOT[1]

Deus Existe?

Essa é uma indagação que toca o âmago da nossa existência, uma pergunta que bilhões de pessoas fazem a si mesmas pelo menos uma vez na vida. No entanto, antes de enfrentá-la, eu gostaria de apresentar um caso de gravidez dos mais raros e anômalos. A história desse pai gestante talvez seja o relato mais curioso de toda a minha carreira.

Ele estava exultante. Misteriosamente exultante. Feliz demais, dadas as condições em que se encontrava.

John era um homem de aparência desleixada, perto dos 30 anos, confinado a uma cadeira no seu quarto de hospital e usando apenas uma fralda geriátrica. Sua barriga apresentava uma protuberância perceptível e, quando entrei no quarto, ele afagou-a carinhosamente com a única mão livre, abrindo um sorriso largo.

"Olá, John", eu disse. "Sou o chefe da neurologia aqui no Hospital Bronx-Lebanon, e gostaria de lhe fazer algumas perguntas."

"Tudo bem", ele respondeu, sorrindo. "Mas você precisa se apressar." E voltou a acariciar a barriga.

"Por quê? Você vai a algum lugar?"

"Sala de parto! O senhor não vê, doutor? Eu vou ter um bebê!"

"Um bebê? Bem, isso é extraordinário."

"Eu sei! De fato, não pareço um tipo maternal, não é? Mas acho que estou pronto agora. Quando jovem, vivia para lá e para cá. Mas finalmente chegou a hora de sossegar com este pequeno." Ele acariciou a lateral da barriga como uma mãe expectante faria e olhou sua protuberância com afeto.

Tive de admitir que seu rosto chegou a brilhar.

Eu sabia que John fora diagnosticado com esclerose múltipla (EM). Havia explicações científicas para o fato de parecer despreocupado com as limitações do braço e da perna. Um transtorno denominado *la belle indifférence* está às vezes associado à doença. É típico de pacientes com esse transtorno demonstrarem uma falta inadequada de preocupação ou emoção com a gravidade dos sintomas ou como reação à angústia das outras pessoas com a deficiência que os afeta. Mas a possibilidade do transtorno *la belle* não explicava a fixação de John pela gravidez. Para ajudar de fato esse paciente, eu precisava entender como ele conseguia acreditar que um macho da espécie humana pudesse conceber um bebê, algo em que mesmo um demente provavelmente não acreditaria. Teria

John um transtorno de identidade de gênero? Teria ele se dissociado totalmente da realidade? Resolvi sondar sua psique mais a fundo.

"John, você se dá conta do que está dizendo..."

Ele me interrompeu: "Se o senhor está perguntando se estou maluco, estou um passo à sua frente, doutor. O senhor precisa registrar isso como um milagre. Eu mesmo não entendo como fiquei grávido. Simplesmente aconteceu. O importante agora é que todos nos preparemos para isso. Da minha parte, parei de fumar meus baseados e de beber cerveja. Estou tendo cuidados comigo mesmo pela primeira vez na vida. Preciso ficar limpo para que meu bebê seja saudável". Ele acariciou a barriga de novo, e depois cofiou sua barba curta. "Hum, sinto que ele está chutando", acrescentou, pondo a mão acima do umbigo.

O que ele sentia – desconfiei – era algo de natureza mais intestinal do que gestacional, mas fiquei quieto. Minha mente continuou elaborando possíveis diagnósticos. Uma mulher pode às vezes desenvolver pseudociese, popularmente chamada gravidez "fantasma" ou gravidez "histérica", uma condição em que ela manifesta todos ou alguns sintomas psicológicos e físicos de uma gravidez. Ocorre em torno de 3 em 20 mil nascimentos vivos. Os homens podem desenvolver uma síndrome correspondente chamada *síndrome de couvade* ou *gravidez simpática*, em que o parceiro masculino de uma mulher grávida sente os sintomas somáticos da companheira, como dores lombares, náusea e até ganho de peso. Mas John era solteiro. E quando lhe fiz outras perguntas, ele deu a entender que não tinha namorada nem outra mulher em sua vida que estivesse grávida dele.

Conversamos durante mais algum tempo, e em seguida fui ao laboratório. Exames logo revelaram que não havia nenhum bebê milagroso na barriga do homem. Em vez disso, uma desordem muito mais nefasta havia causado a dilatação do abdômen de John: falência hepática causando ascite. Mas a falência do fígado não apresentava correlação com o diagnóstico original de EM. Alguma coisa mais estava acontecendo dentro de John. Mas o quê?

Nossa equipe reexaminou as imagens por ressonância magnética de John, e embora apresentassem alguns sintomas de EM, no conjunto o padrão não era consistente. O diagnóstico inicial estava incorreto. Solicitamos outros exames laboratoriais, inclusive uma análise de ácidos graxos de cadeias muito longas (VLCFAs), e alimentamos a suspeita de que John tinha uma doença diferente, muito mais rara, imitativa de EM. Posteriormente, os laudos de laboratório confirmaram essa suspeita.

John tinha uma doença rara chamada adrenoleucodistrofia (ALD), retratada no filme *O Óleo de Lorenzo*, de 1992. Trata-se de uma doença genética caracterizada pela perda de mielina, uma membrana protetora que envolve as células nervosas no cérebro, e pela progressiva deterioração da glândula adrenal, que ocorre logo em seguida. Embora esse resultado explicasse o que vimos no relato da ressonância magnética (e o que havia levado à sua protrusão do estômago), ainda não explicava por que John acreditava estar grávido.

No caso de uma mulher com pseudociese, existe uma causa física, com a ocorrência de uma reação em cadeia. O cérebro forma uma conexão tão intensa com o corpo que, se uma mulher deseja ardentemente um bebê, ela pode começar a sentir sinais físicos sutis de que de fato concebeu – ligeiro aumento de peso, seios inchados, e mesmo a sensação de movimento fetal. Por sua vez, o cérebro pode traduzir essas mensagens provenientes do sistema nervoso simpático como fato concreto e passa a liberar vários hormônios da gravidez, exacerbando assim os "sintomas" iniciais e emitindo sinais reais de gravidez.

No caso de John, porém, ninguém havia levado suas ilusões a sério o bastante para investigar seu possível significado. A explicação mais simples era esquizofrenia, e por outro lado estávamos ocupados demais examinando as causas orgânicas da sua barriga saliente. Por fim, rastreamos as causas (estritamente) físicas que haviam levado à sua fixação na gravidez. Com o aparecimento da ALD, John tivera um acúmulo de VLCFAs na matéria branca do cérebro. Como consequência, seu cérebro apresentava agora uma lesão – mas apenas em parte. Relatórios mostram que outros pacientes com manifestações de ALD na idade adulta também haviam experimentado sintomas psiquiátricos devidos à doença, embora no caso de John, por qualquer razão que seja, nem todo o seu cérebro já apresentava a lesão. A doença havia prejudicado predominantemente o hemisfério direito, o lado que altera a experiência que a pessoa tem do mundo, começando com a compreensão da sua condição.

Explicando um pouco: em cada hemisfério do cérebro, reagimos a uma representação da realidade e construímos essa realidade, que é complementar à realidade do lado oposto, mas dicotômica. As diferenças entre o cérebro esquerdo e o cérebro direito são as distinções entre os fatos e seus significados. O papel principal do cérebro esquerdo é objetivar eventos, e sua função está em geral associada à linguagem, ao cálculo e à lógica. Quando falamos em acumular ou recuperar fatos, normalmente referimo-nos aos processos que ocorrem de modo predominante na metade esquerda do cérebro.

Por oposição, as funções do cérebro direito têm relação com a compreensão do valor interpretativo e sentinela das nossas experiências. Como o cérebro direito busca sentido, sua dinâmica volta-se à descoberta de conexões, redes e relações.[2] O cérebro direito funciona como um GPS para um carro. Ele possibilita à pessoa "ver" e "entender" sua localização relativa no tempo e no espaço. Ele capta uma experiência e lhe fornece contexto, significado.

Como, porém, o hemisfério direito de John estava lesado, seu hemisfério esquerdo havia assumido a direção e preenchido as lacunas fornecendo-lhe a explicação mais lógica que ele podia imaginar para o que estava acontecendo consigo. John via-se no hospital cercado por máquinas. Ele via sua barriga aumentando muito de volume. Como seu GPS estava danificado, seu cérebro esquerdo assumiu o controle e preparou a explicação mais plausível.

O "GPS defeituoso" de John lhe dizia o seguinte:

A: A barriga de pessoas grávidas aumenta de volume.
B: Pessoas grávidas vão para o hospital.

C: Eu estou no hospital e a minha barriga cresce.
Portanto, estou grávido.

Uma lógica falsa, sem dúvida. Mas como o cérebro de John tinha agora uma explicação, esse mesmo cérebro convenceu a si mesmo de que tudo estava certo e parou de fazer perguntas.

Sem dúvida, a conclusão falsa do cérebro também estava exacerbada pelo isolamento social. Durante todo o tempo em que estivera no hospital, John não havia recebido uma visita sequer além da equipe médica. Ele precisava de um amigo ou parente próximo em quem pudesse confiar. Ele precisava dos laços relacionais fortes que proporcionam a uma pessoa um propósito maior para continuar vivendo. Para compensar, seu cérebro criou uma realidade alternativa na qual ele não estava morrendo sozinho no hospital.

O relato do ocorrido com John é uma história perturbadora e comovente de um homem prestes a morrer sozinho, e entendo que ela caiba bem em um capítulo intitulado "Deus Existe?". Claro, isso implica perguntas – qual é a relação? O que a história de John tem a ver com as questões mais gerais levantadas neste livro?

Ou, reformulando em termos pessoais: O que a história de John tem a ver com a realidade de Deus para você?

Cegueira da Alma

Gabriel Anton, um renomado neurologista austríaco, relatou o caso de uma mulher cega que não reconhecia sua condição.

Embora tivesse perdido a visão, ela se recusava a aceitar essa deficiência. Deixe essa frase decantar por um momento, pois além de representar grandes ramificações literais para a mulher, contém profundas ramificações metafóricas para você e para mim.

Os médicos que a atendiam estavam perplexos diante da constatação de que ela era incapaz de perceber sua total e absoluta perda da visão. Como uma pessoa pode ser cega e não perceber uma condição de escuridão? Anton escreveu o seguinte em uma revista médica: "Com calma e sinceridade, ela assegurou que via os objetos que lhe eram apresentados, não obstante os exames diários demonstrarem o contrário".[3]

A essa condição da sua paciente Anton deu o nome de "cegueira da alma", denominação mais tarde substituída pelo termo que adotamos hoje para esse estado neurológico – anosognosia ("falta de conhecimento"). Caracteristicamente, a condição decorre de uma lesão no lado direito do cérebro e é normalmente associada a uma falta de consciência de uma deficiência pessoal e das explicações a ela relacionadas, em geral de natureza confabulatória.

O cérebro é um órgão fantástico, mas ainda profundamente misterioso. Por estranho que pareça, é em boa medida a partir de estudos do que ocorre com um cérebro lesionado que sabemos o que ele faz. Em uma condição como essa, quando o cérebro direito sofre uma lesão nos centros de processamento visual, o resultado pode ser "cegueira cortical", em que os olhos ainda funcionam normalmente, mas a pessoa é incapaz de ver. A luz atinge os nervos ópticos, dados brutos são transmitidos para o cérebro, mas a pessoa afetada não tem consciência explícita da luz que está vendo. Devido à lesão, o cérebro não consegue acessar ou articular conscientemente a informação que lhe está sendo enviada, e no lugar dela convencerá a si mesmo de alguma realidade alternativa, pré-fabricada.

Uma das minhas pacientes sofreu um traumatismo cerebral grave no hemisfério direito em consequência de um derrame. Observei como ela aplicava maquiagem em apenas metade do rosto, como se uma extensa linha vertical tivesse sido traçada da sua cabeça aos seus pés. Ela havia perdido a sensação de metade do corpo, e negava que o braço paralisado lhe pertencia! Como alguém podia andar por aí acreditando que era apenas metade de uma pessoa?

Façamos então esta grande pergunta: E se por acaso existirem realidades maiores em nosso universo (ou fora dele) do que podemos de fato entender, compreender ou medir com apenas um dos nossos dois hemisférios cerebrais? Em outras palavras, e se Deus de fato existir, mas o nosso cérebro não for capaz de compreender a pura e simples magnitude da luz além do espectro de qualquer realidade percebida?

O convite que lhe faço neste capítulo é no sentido de observar mais detidamente o desenho do cérebro direito e suas singulares capacidades. Para compreender nosso lugar único no Universo, o modo como o percebemos como tal e o nosso possível entendimento de Deus, precisamos perscrutar os tesouros ocultos e o potencial desconhecido oferecido pelo cérebro direito. John lidava com fatos apenas, e via algumas realidades. Ele via o hospital e sua barriga saliente. Mas não via a realidade em seu todo. Assim, ele era "cego" para a realidade da sua vida.

Quando se trata de ver as verdades maiores da existência de Deus, faço votos para que nada semelhante aconteça conosco.

Como Podemos Conhecer o Incognoscível?

Estudos recentes por imagem demonstram que o cérebro humano é programado para a fé. Imagens cerebrais foram feitas com monges budistas em momentos de meditação, freiras católicas durante a oração, místicos realizando práticas contemplativas, entre outros exemplos.[4] Esses estudos quase sempre evidenciam atividade cerebral discreta, de preferência do lado direito, que pode ser mensurada objetivamente.

Do mesmo modo, outros estudos clínicos, também por imagem, mostram que a área do cérebro ativada durante experiências subjetivas religiosas é a mesma que nos possibilita ter percepção dos outros – ser empáticos, emotivos, altruístas, prestativos – e ter consciência de nós mesmos. Todas essas funções acontecem em certas regiões do hemisfério direito.[5] É quase como se a natureza tivesse reservado um santuário anatômico onde nosso cérebro pode transcender os elementos corriqueiros da nossa existência. Nós meditamos e rezamos com o mesmo lado do cérebro que usamos quando somos amáveis com outras pessoas. Uma pista, talvez?

O cérebro esquerdo repetirá insistentemente que a crença em Deus não é suficiente para reconhecer sua existência, que são necessárias mais provas. O que o cérebro esquerdo não pode negar, porém, são os processos do cérebro direito – que a crença, a fé, o amor, a esperança e a capacidade de ver o "grande panorama da vida" são biologicamente programados no nosso cérebro direito.[6]

Pense do seguinte modo. Talvez tenhamos simplesmente imaginado a existência de Deus. A humanidade queria algo maior do que ela mesma, e então inventou esse conceito de divindade. De uma perspectiva puramente biológica, temos em primeiro lugar de perguntar como o cérebro humano dispôs de instrumentos para chegar a imaginar isso. Objetos inanimados como rochas e árvores não têm um conceito reconhecível de Deus. Eles não têm empatia, relacionamentos nem consciência dos outros. Só os humanos podem ter uma crença em Deus. Por quê? Como o nosso cérebro obteve as ferramentas para desenvolver a fé?

A resposta a essa pergunta pode muito bem estar em um exercício epistemológico que eu chamo de princípio neuroantrópico, um híbrido de outros princípios existentes. (*Neuro* significa aquilo que pode ser detectado no cérebro ou sistema nervoso, e *antrópico* diz respeito aos seres humanos ou ao seu período de existência.) Este "argumento do desígnio" não é novo. Também conhecido como argumento teleológico, estende-se desde o tempo das filosofias metafísicas de Platão, Aristóteles e do Iluminismo ocidental, quando qualquer pessoa que refletisse longamente sobre a elegância e a majestade cósmica do Universo podia convencer-se da existência de um Grande Cérebro atrás da cortina.

O princípio antrópico mais recente, conforme exposto pelo físico teórico australiano Brandon Carter e pelo Nobel de Física norte-americano Steven Weinberg, supõe que o mundo é amigável à vida e primorosamente adaptado para acolher todos nós; que entre os seres vivos que ele sustenta, apenas um dos seus recipientes pode em última análise criar, medir, contemplar e assumir uma crença envolvendo essas circunstâncias; e que esse intermediário é a mente humana.[7]

Em termos simples, vivemos em um planeta feito sob encomenda; e mais, amigável à vida. Ele está admiravelmente organizado para possibilitar a improbabilidade da vida. Cachinhos Dourados não poderia ser mais feliz com a Terra. Se a Terra fosse apenas um pouco mais quente ou um pouco mais fria (ou qualquer outra coisa), não estaríamos aqui, literalmente. Mas, assim como o mingau do Ursinho, a Terra está "no ponto". Significa que a vida requer uma matriz diversificada de circunstâncias de ocorrência exata, no tempo preciso, épicas e históricas, suspeitosamente fortuitas, e o mais apto a reconhecer o milagre de tudo isso é o cérebro humano.

Uma pergunta fundamental é esta: Tudo isso ocorreu por desígnio? Essas condições poderiam ter-se estruturado sem nós, e foi isso que aconteceu? As evidências sugerem que o Universo precisa de nós tanto quanto nós precisamos dele – nós cocriamos nossa existência através da nossa percepção consciente da realidade. Andrei Linde, um físico da Universidade Stanford, concluiu que o Universo foi projetado para que nós o reconheçamos: "O Universo e o observador existem como um par... Não conheço nenhum sentido em que eu poderia dizer que o Universo está aqui estando ausentes os observadores".[8] Isso por certo se assemelha um pouco à pergunta sobre a queda da árvore na floresta: não havendo ninguém por perto, ela produzirá barulho? No entanto, o que Linde quer dizer é que os meios irmanados do Universo e da mente não sugerem nenhuma coincidência. Existe um sentido, sim, em que nossa mente é requisitada a dar existência ao mundo.

Quando fazemos afirmações como "cocriamos a nossa existência" ou "determinamos a nossa própria realidade", o que isso significa? Significa simplesmente que as coisas existem porque a mente as faz existir. As nossas percepções criam as nossas circunstâncias. Os nossos pensamentos criam as nossas realidades. Mas com algumas ressalvas. É comum hoje – embora errôneo – concluir que, uma vez que determinamos a nossa realidade, determinamos também Deus. Nós criamos Deus, e assim somos a mesma coisa que Deus. Para muitas tradições religiosas, esse é um modo de pensar herético. Na verdade, não somos o fator decisivo na determinação da realidade. Não somos o Criador. Nós somos a criação. De modo que, neste contexto, entendemos "cocriação" neste sentido: uma criança poderá dizer: "Não gosto de vegetais". Com essas palavras, ela está determinando sua própria realidade. Ela tentou provar vegetais? Não. Então, como ela sabe que não gosta de vegetais? Porque ela decidiu que não gosta. A sua mente desenvolveu a sua própria realidade. A sua mente criou o seu "universo".

Os cosmólogos procuram a origem do Universo. Os arqueólogos procuram a origem das civilizações. Os biólogos evolucionistas procuram a origem da mente. Em cada um desses campos, os especialistas empenham-se em revelar os vestígios ou remanescentes do que já passou, em chegar não apenas às evidências físicas, mas às condições essenciais que se conjugaram para moldar o que somos hoje, inclusive a forma como o nosso cérebro evoluiu ao longo do tempo.

A pergunta daí decorrente é esta: Que significado evolutivo estimulou a natureza a moldar o cérebro humano de modo tão singular e especializado a ponto de desenvolvermos um conceito de Deus (assim como nossa capacidade de negar a sua existência)? Que propósito tem a crença, e será que temos atualmente uma compreensão suficiente do cérebro que nos permita indagar objetivamente não apenas sobre os fatos da experiência humana, mas também sobre o sentido deles? Uma vez que o hemisfério direito do cérebro está voltado para o relacionamento e para a conectividade, existiriam alguns segredos e memórias enterrados de uma experiência de Deus mais elementar e cabal contida dentro de nós, mas cujo acesso seria transitório e efêmero? Poderia essa reminiscência fundamental levar-nos a um despertar espiritual inesperado?

Todos os atos de criação – a concepção de um filho, a formação de uma *persona*, o nascimento de uma estrela – precisam de uma separação de espaço, de uma divisão de tempo e de uma individuação eu/outro. Existe um trauma inerente a cada parto, algum elemento de dissociação intrínseca em cada divisão. Isso não é menos verdadeiro na evolução da nossa humanidade e, naturalmente, da consciência humana, a nossa "expulsão do Éden". A criação implica um conjunto de circunstâncias em que aquilo que parece indivisível torna-se dividido e fracionado. Do mesmo modo, o cérebro humano nos possibilita perceber e, por conseguinte, acreditar que também a nossa existência é uma existência de divisão – separada e à parte, autônoma, sozinha.

Ansiedade da Separação

É inerente à capacidade da mente perceber sua origem e propósito primordiais, o reconhecimento de uma conexão intrínseca e implícita com o que está além dela mesma – possibilitado por um vestígio essencial do nosso cérebro – mesmo que tenhamos a experiência da separação. Nós nascemos com a capacidade de acreditar, ainda que optemos por não acreditar.

Alguns dirão que isso é uma falácia, porque o cérebro tem a capacidade de imaginar toda sorte de mitos e de situações improváveis. Podemos imaginar dragões, por exemplo, mas dragões não existem hoje nem nunca existiram. Por que não poderia ser possível, então, que simplesmente tivéssemos imaginado Deus? Como o nosso conhecimento do cérebro e da evolução da consciência postula a existência de Deus?

O cérebro humano é milagroso em si e por si mesmo. Ele não só está programado especificamente para conter fatos, mas tem também a capacidade de interpretá-los. Essas interpretações serão sempre subjetivas, mas não menos valiosas para serem investigadas do que a nossa busca por objetividade. Os "receptores" do cérebro que "captam" essas experiências são a causa originária dos nossos mitos, histórias e crenças. Esse atributo peculiarmente humano – a capacidade inerente de ir ao encontro do transcendente e do imaterial – preenche o vazio entre fé e razão, entre sujeito e objeto, entre eu e o outro.

A teoria híbrida, o princípio neuroantrópico, propõe que a mente humana foi projetada para reconhecer nosso propósito especial no universo, nossa conexão mais elevada com Deus e com os outros. Nascemos com a capacidade de tornar o invisível visível, de ter fé no intangível. Santo Agostinho escreve que a mente humana vale mais do que toda a criação inanimada.[9] A mente pode observar toda a criação, perscrutá-la, mensurá-la, maravilhar-se com ela – ações que o universo inanimado não pode realizar.[10]

Esse imenso valor da mente humana significa que podemos ver e sentir, de modo real e tangível, que somos a causa do sofrimento que infligimos uns aos outros. Porque nós sentimos, sabemos que os outros também sentem. Compreendemos assim que a dor psíquica é tão biologicamente real quanto o câncer. Estou falando aqui daquela porção do cérebro que, como constitutivo inerente, tem fé em algo além de si mesma, uma forma "suprassensorial" e mais elevada de conhecer do que aquela em que as nossas idiossincrasias perceptivas de divisão nos levam a acreditar. Quando alimentamos esse aspecto do nosso ser, somos capazes de atualizar pessoalmente o nosso propósito superior, que consiste em nos tornarmos agentes da misericórdia e da compaixão, em nos conectarmos com aquilo que está além da nossa mera existência física.

Vejamos um exemplo da esfera da neurociência relacionado com esse sentido mais profundo de saber. Um psicólogo do desenvolvimento pergunta: Quando um homem se torna pai? A resposta científica simples é: no momento biológico da concepção, isto é, quando um espermatozoide fertiliza um óvulo. No entanto, como neurocientista, posso constatar que a concepção por si só não faz de um homem um pai no sentido pleno da palavra. Não pelo menos no que diz respeito ao cérebro.

Muito mais do que isso, um homem se torna pai, na definição mais verdadeira da paternidade, quando toma o filho nos braços. O cérebro opera então algo diferente – e podemos ver essa diferença nos exames de ressonância magnética. Envolvido pelo abraço do homem, o bebê sabe que alguém se responsabilizará pelo seu bem-estar; e o cérebro do homem, por sua vez, "cocria" essa sua função. Agora o homem não é mais um procriador biológico, apenas; é um pai. Estabelece-se um vínculo neural novo, poderoso e possível de detectar, com outro ser humano. Em termos neurológicos, esse conhecimento assume uma forma muito diferente, digamos, da percepção do clima do dia. O conhecimento da própria paternidade obtido após segurar o filho no colo é substantivamente diferente do conhecimento anterior à presença da criança. A diferença entre essas duas formas de conhecimento constitui uma questão fascinante à qual os neurocientistas dedicaram muito tempo de estudo: um aspecto desse saber atém-se tão somente a fatos isolados, ao passo que o outro, totalmente distinto, envolve o inter-relacionamento entre as coisas, seu sentido e seu valor implícito.

Acontece que os diferentes lados do cérebro possuem diferentes capacidades para conhecer. O simples conhecimento de que a união de um espermatozoide com um óvulo resulta em um bebê é muito diferente do conhecimento mais profundo e do sentimento de que "a criança em meus braços é minha". O primeiro é um conhecimento tipicamente associado às funções do hemisfério esquerdo – os fatos básicos da questão. O segundo é um conhecimento tipicamente associado aos processos do hemisfério direito – o valor, sentido e propósito enraizados nesses fatos. Feche os olhos por um instante e imagine alguém que você ama muito... Você acaba de ter um vislumbre do seu cérebro direito em ação.

As capacidades altamente especializadas do hemisfério direito, como as de reconhecer um rosto, entender imagens, identificar um contexto e interpretar um som, ajudam-nos a formar e manter relacionamentos e a desenvolver crenças. As funções do hemisfério direito são essenciais para podermos compor o conjunto e preencher os vazios para ver o todo.

Com o vínculo pai/mãe-filho, um processo neurológico ocorre também na criança. Quando um bebê fixa o olhar nos olhos do pai, o lado direito do seu cérebro grava informações sociais de suma importância com relação ao modo de ser e ao grau de confiabilidade do homem. Quando o homem corresponde ao olhar do bebê, primeiramente o lado direito do seu cérebro processa esse olhar, o que acalma o homem e estimula um comportamento afetuoso. Em uma situação de envolvimento ideal, pai/mãe e filho utilizam as capacidades do cérebro direito para criar um vínculo social e iniciar uma relação de compreensão e confiança para a vida inteira.

As funções dos cérebros direito e esquerdo nem sempre são tão claras. Ocorre que a comunicação entre os dois hemisférios se realiza por intermédio do corpo caloso, o feixe de fibras neurais que facilitam a conexão entre as duas regiões separadas do cérebro. Por exemplo, o lado esquerdo do cérebro do bebê pode selecionar os sons da conversa e reuni-los para formar palavras. Ao mesmo tempo, o lado direito concentra-se na intensidade e ênfase dos ritmos da linguagem. Com o lado esquerdo e direito operando juntos, captamos não só o conteúdo do que é dito, mas também o sentido emocional e o sentimento subjacente do falante.

O cérebro direito está programado para padrões. Quando olhamos uma imagem incompleta ou confusa, como por exemplo uma foto polaroide esmaecida pelo tempo, o cérebro insere os elementos ausentes para reconhecer com facilidade a identidade da pessoa querida. Outro componente importante do conjunto de habilidades e atributos singulares do cérebro direito é a capacidade de participar da experiência do outro, criando o que denominamos empatia.

A nossa perspectiva do "outro" – nossa capacidade de discernir os motivos, sentimentos e intenções de outros seres – é de importância crucial e é acionada principalmente pelo hemisfério direito do cérebro. Mesmo a forte tendência universal de segurar bebês no lado esquerdo do peito (o chamado "*cradling bias*"), de modo que o olhar do bebê se dirija para o lado esquerdo do rosto de quem o segura (o campo visual do hemisfério direito), sugere que qualidades emocionais como amor, afeto e empatia são principalmente mediadas pela força do hemisfério direito. O hemisfério direito é tão importante para a manutenção das nossas relações que uma lesão que o atinja pode até resultar em uma absoluta rejeição de si mesmo, como vemos com frequência em pacientes com a síndrome da heminegligência.

Assim, como tudo isso afeta nossa compreensão de Deus?

Teoria da Mente e o Reflexo da Fé

> "A finalidade e o propósito da vida humana é o conhecimento unitivo de Deus."
>
> — ALDOUS HUXLEY[11]

O que Huxley denomina "conhecimento unitivo" nos remete a Deus porque a mente humana foi programada de modo a reconhecer e despertar para o nosso propósito no Universo, para descobrir essa ordem oculta.

Evidências de diversos estudos clínicos e de neuroimagem de lobos frontais realizados durante estados de sentimento revelaram aumento de atividade associado a estados de sentimento particulares, como empatia e percepção do outro. Essas áreas específicas do lobo frontal dos sistemas cerebrais são também particularmente ativadas quando as pessoas avaliam suas ações em um contexto moral. A questão é que se fôssemos meramente biológicos, não teríamos desenvolvido empatia pelos outros. Não teríamos razão evolutiva para "preencher os vazios" e inferir a existência de Deus.

Pode-se dizer que a empatia é o aspecto mais importante da fé em sentido amplo. Por termos empatia, entendemos que o universo não diz respeito apenas a nós – e esse entendimento aponta para algo "além" de nós. Se fôssemos tão somente seres biológicos, toda a nossa atenção se voltaria apenas para os nossos próprios interesses. Mas por sermos seres biológicos e "além de biológicos", damos importância também aos interesses dos nossos semelhantes.

A capacidade de empatia envolve crença, a crença de que a vida em seu todo, desde o ser mais ínfimo até o mais elevado, tem propósito e significado – uma existência que pode estar além da nossa percepção limitada, mas ainda assim estar na Mente de Deus. Isso significa que embora crença e fé pertençam à esfera da experiência e da subjetividade, o que as move é sempre o relacionamento e a reciprocidade. Sentimos o amor de Deus quando demonstramos empatia, e podemos testemunhar a compaixão de Deus quando sentimos compaixão. Revelamos a misericórdia de Deus quando agimos com clemência, sua bondade quando somos bondosos, seu amor quando amamos. E o nosso cérebro torna isso possível. Podemos mostrar esse "reflexo da fé" ainda mais claramente através do estudo da ação dos neurônios-espelho, uma descoberta da maior importância nas pesquisas neurocientíficas.

Neurônios-espelho e o Reflexo da Fé

O neurocientista italiano Giacomo Rizzolatti e seus colegas na Universidade de Parma foram os primeiros a identificar os neurônios-espelho, uma descoberta que ajuda a explicar como e por que "lemos" a mente de outras pessoas e sentimos empatia por elas.[12] Em essência, essas células especializadas do cérebro ativam-se segundo um padrão idêntico tanto quando vemos alguma ação como quando a praticamos. O cérebro não só "espelha" o que vê, mas ainda nos oferece um reflexo (releve-se o jogo de palavras) da natureza do nosso ser.

Essa atividade é de suma importância. Ela mostra como nossas relações sociais têm um entendimento e uma intencionalidade em comum, um espaço coletivo, e mostra também como a capacidade de encontrar uma base conjunta é fundamental para formar relacionamentos. Usamos os neurônios-espelho para buscar alguma informação na mente da pessoa que é alvo da nossa atenção ou com quem nos relacionamos, e essa é uma dimensão essencial da socialização. Os neurônios-espelho possibilitam a encarnação da mente, a experiência imaterial a partir de dentro. É mediante a ativação dos neurônios-espelho que o cérebro é capaz de fazer a peregrinação mental do objetivo ao subjetivo, do condicional ao incondicional. Os neurônios-espelho são o modo encontrado pela natureza para dar a cada pessoa a capacidade de tirar *selfies metafísicas*".

Por exemplo, se eu e você estamos na cozinha e você sem querer toca em algo no fogão e queima o dedo, eu também levo um susto, sem dúvida. O que aconteceu nesse momento no seu cérebro e no meu foi que, ao tocar no objeto quente, alguns neurônios foram estimulados no seu cérebro. Então, graças aos neurônios-espelho, alguns neurônios no meu cérebro agitaram-se quase ao mesmo tempo, e produziram resultados semelhantes de dor. Eu não senti a mesma dor que você, mas senti uma dor similar, uma dor vicária ou de experiência partilhada, e pude sentir essa dor porque já a havia sentido antes por minhas próprias experiências e também porque percebo dor em você e me preocupo com os seus sentimentos. É como se os meus neurônios olhassem para os seus e os "espelhassem". Os neurônios-espelho me ensinam algo sobre mim mesmo. E também me ensinam algo sobre você.

É claro que existe um hiato entre fatos e significado, entre ação e intenção. De que modo o cérebro humano, pela atividade dos neurônios-espelho, transcende os dados brutos da nossa percepção do universo e dos seus habitantes e transforma essas experiências em algo imbuído de valor e propósito? Esse processo, pelo qual os neurônios-espelho não só refletem, mas ajudam a interpretar o significado do comportamento, é conhecido como teoria da mente.

A teoria da mente descreve a capacidade singular do nosso cérebro de perceber e reconhecer a realidade dos nossos estados mentais – ou seja, o fato de que nossas crenças e nossos conhecimentos são reais – e de compreender que as outras pessoas têm crenças e conhecimentos igualmente reais[13] A teoria da mente inclui a capacidade de nos colocarmos no lugar do outro e imaginarmos como seria viver uma determinada experiência de uma perspectiva totalmente diferente da nossa. Essa perspectiva firma-se sobre a crença de que as pessoas têm uma mente invisível.

A capacidade de atribuir estados mentais a outras pessoas também implica o entendimento de que a mente funciona (por sua própria natureza) como um gerador de representações. É por meio dessas representações que conhecemos o significado do amor ou da experiência de dor. É por meio dos neurônios-espelho e da sua capacidade de gerar uma teoria da mente que podemos imaginar e acreditar naquilo que de outro modo não é verificável. Em essência, nossa habilidade de refletir a experiência do outro como se fosse nossa é a capacidade de criar empatia.

Quando a nossa experiência do estado emocional de outra pessoa ativa grupos de neurônios especializados no nosso cérebro, encarnamos essa pessoa, em certo sentido. Ao ocupar o espaço anatômico dos neurônios-espelho, nossa consciência do outro deixa de ser teórica – torna-se um estado de "intermediaridade" orgânica. Considerando-se a atividade dos neurônios-espelho, empatia é a capacidade de encarnar outra pessoa. A capacidade empática do cérebro torna possíveis os relacionamentos e faz florescer nossas conexões mais profundas.

Por que tudo isso é tão importante? Os neurônios-espelho nos ajudam a descobrir algo que ocorre na mente de outra pessoa. Assim, se posso entrar em contato com a sensação de dor na sua mente no momento em que você toca em um fogão quente, teoricamente posso descobrir algo na mente de qualquer pessoa (desde que tenhamos algum grau de relacionamento).

Esse poderia ser o motivo da existência de qualidades como a compaixão, por exemplo. Lembre-se de que, em uma estrutura estritamente evolucionária, nada poderia despertar compaixão nas pessoas. Se a vida for apenas uma questão de sobrevivência do mais apto, não há razão biológica imperativa para nos tornarmos pessoas compassivas, ou mesmo para saber o que é compaixão. Certamente podemos ter-nos unido para nos defender de alguma ameaça maior quando éramos seres humanos primitivos, mas isso ainda não explica a verdadeira natureza da empatia. Um ajuntamento de pessoas não forma necessariamente um grupo empático. No entanto, ainda assim evoluímos até o ponto de termos atualmente incorporado essa qualidade de compaixão. Por quê?

Porque "Deus" é compassivo, e os neurônios-espelho do nosso cérebro puseram-se a trabalhar e espelharam esse mesmo sentimento. Sentimos compaixão hoje porque Deus é compassivo primeiro. Todas as qualidades intangíveis, como esperança, amor, alegria e compaixão encontram-se na Mente de Deus. Tornamo-nos conscientes de que nossas ações são reflexos de uma realidade mais profunda, como está escrito em Provérbios: "Como a água dá o reflexo do rosto, assim é o coração do homem para o homem" (27,19).

Evidência do Alto

No que diz respeito ao meu desenvolvimento espiritual, um dos momentos reveladores que vivi com relação à existência de um Ser Superior aconteceu alguns anos atrás, quando levei minhas duas filhas pequenas, Julia e Sofia, ao Planetário Hayden, no Museu Americano de História Natural, na cidade de Nova York. Nos acomodamos em nossos assentos e ficamos, em "ambiente imersivo", à espera de uma das apresentações. Passados alguns minutos, Sofia voltou-se para mim e disse: "Papai, eu sei por que Deus nos criou". Eu perguntei por quê. Ela respondeu: "Porque Ele estava sozinho".

Da perspectiva da neurociência, eu sabia o que Sofia estava sugerindo: a ideia de que Deus talvez quisesse a presença de algum outro ser no Universo que tivesse um cérebro semelhante ao dele, um cérebro que refletisse o que ele sentia.

Eu ainda ponderava sobre o comentário de Sofia quando a apresentação começou. Os astrônomos vêm observando uma rede de filamentos, uma imensa rede estendendo-se milhões de anos-luz através do espaço – inclusive passando pela Via Láctea – que provê o colossal sistema de andaimes para a estrutura do Universo – e talvez também sua rede de comunicações, que ainda não entendemos. Essas observações sugerem que as galáxias não estão desconectadas nem isoladas pela vastidão do espaço, mas formam partes interconectadas de uma macroarquitetura complexa, projetada para uma função específica: a conectividade.

A imagem projetada na cúpula hemisférica do planetário me impressionou pela forte sensação de *déjà vu* que me invadiu. Como neurocientista, já observei cérebros ao microscópio vezes sem conta. Ocorreu-me naquele momento que o cérebro é praticamente idêntico ao Universo! O Universo assemelha-se de modo espantoso – quase assustador – a uma seção transversal da anatomia do cérebro, pois está recheado de redes de estrelas parecendo neurônios e galáxias como dendritos extensos e junções sinápticas programadas para conectividade, transmissão de informações, inter-relacionamentos e, naturalmente, consciência.[14] Observando a rede bruxuleante de poeira cósmica contra a escuridão insondável, eu não conseguia fazer outra coisa senão imaginar essa imagem como a Mente Universal.

O meu momento revelador foi este: nosso cérebro é construído com o potencial de nos oferecer uma imagem da Mente de Deus. A partir das estruturas singularmente semelhantes do Universo e do cérebro humano, podemos inferir a mensagem de que os relacionamentos se sustentam sobre a união, não sobre a separação, alienação, segregação ou isolamento. A teoria da mente e a capacidade inerente do cérebro humano de criar empatia são as pedras angulares da nossa crença em Deus. A empatia é essencial para estabelecer conectividade dentro de nós e entre nós. É no ponto de conexão desse vínculo que somos aptos a descobrir também a Mente de Deus. Quando minha filha Sofia contemplou a Mente de Deus ao observar no planetário a vasta expansão de vazio cósmico, ela indagava acerca da perspectiva de Deus como somente uma criança pode fazer. Ela sentia "empatia" por Deus ao formar em sua mente uma representação do que possivelmente está na Mente Divina.

Conhecer a Mente de Deus impõe uma mudança em nosso modo de pensar – de "teoria" ou crença deve se transformar em axioma básico e fundamental da mente, onde reconhecer

Deus significa reconhecer o outro dentro de nós mesmos. Cada existência encerra um universo contido dentro de um cérebro; em cada uma, sua própria história, atividade e destino. E dentro de todos nós, essa Mente de Deus age como um canal para o outro e para o imensurável "desconhecido". Cada um desses cérebros-mundos existentes é composto de um microcosmo do universo maior: o universo interior. Nosso cérebro e o universo além estão amarrados como embarcações ao ancoradouro, como a mente ao corpo e como a alma à Fonte.

Estamos muito Perto

Podemos aceitar Deus se compreendermos a realidade de uma existência fora do nosso ser material. O hemisfério direito do cérebro oferece provas consistentes da existência do outro. Será essa afirmação uma prova definitiva de que Deus existe? Não, embora ela sugira uma indagação contínua cuja resposta está prestes a ser descoberta desde que comecemos a perguntar com seriedade e sinceridade. Uma historieta para concluir talvez ajude a explicar melhor essa ideia.

Certa vez, um detetive particular foi contratado para confirmar a suspeita do marido de que sua esposa estava tendo um caso extraconjugal. O detetive seguiu a mulher e descobriu que ela mantinha encontros secretos com outro homem no intervalo do almoço. Ele continuou sua investigação e confirmou que o casal estava alugando um quarto de hotel. O detetive reservou um quarto no outro lado da rua, onde instalou uma teleobjetiva voltada para o cenário do encontro ilícito. Quando estava prestes a tirar uma fotografia, porém, o casal fechou as cortinas. Frustrado – mas mesmo assim muito próximo de estar certo – o detective concluiu o caso comentando: "Estávamos muito perto de obter uma prova definitiva".

Estamos na mesma situação. Deus existe quando "agimos como se" ele existisse. Vivemos em uma realidade subjetiva inevitável. A neurociência nos lembra que quando vemos uma imagem do mundo externo, o que vemos de fato é apenas uma reconstrução específica que o cérebro faz da luz que atravessou a nossa retina e se projetou para o córtex visual. Existe um vácuo quase infinito entre a estrutura do nosso cérebro e o universo além de nós, entre "aquilo que é" e aquilo que acreditamos ser realidade.

Acreditamos com base na nossa experiência do mundo: o que vemos ao nosso redor, o que parece ser e o modo como resolvemos reagir ao significado último que descobrimos com essa experiência. A nossa capacidade de "acreditar" requer a extrapolação, uma versão de lógica indutiva na qual, basicamente, nunca teremos acesso a um panorama completo e com todas as informações. Quando acreditamos em alguma coisa, significa que a mente se abriu para a capacidade de preencher os "contornos ilusórios" da realidade, intuindo, a partir de sinais visíveis da vida, a possível – ou até provável – existência de uma ordem invisível. Abrimos a mente à medida que essa verdade oculta se desvela diante de nós. Isso é percepção de presença em ausência aparente, e não é assim tão difícil de se fazer. O cérebro humano é particularmente apto a preencher as lacunas da experiência formadas pela entrada sensorial parcial dos dados. Sem essa habilidade, nunca teríamos descoberto nada, inventado nada nem evoluído para o que quer que seja.

Nossa compreensão de Deus está inextricavelmente ligada à nossa natureza biológica e depende totalmente dela. O cérebro humano está programado para a fé. A fé é um componente essencial da experiência humana, e o nosso cérebro evoluiu com essa capacidade para um propósito mais elevado. A fé nos conclama a indagar não apenas sobre os fatos, mas também sobre o sentido desses fatos. Esse propósito é para o relacionamento – relacionamento de uns com outros, entre nós mesmos e, talvez, com um Criador invisível. Relacionamentos exigem empatia, compreensão e reconhecimento verdadeiro do outro. Nosso cérebro esquerdo tende a ver os relacionamentos com base na utilidade das relações para nós mesmos, enquanto o cérebro direito vê nossa existência individual como parte de uma paisagem interdependente muito mais ampla.

Sem empatia, um princípio fundamental de quase todas as religiões, não haveria coesão social, cooperação ou consideração por nada mais além de si mesmo. Nosso cérebro direito e seus neurônios-espelho associados evoluíram não apenas para conhecer objetivamente as coisas, mas também para ter sabedoria sobre elas. Nossa crença em Deus é fundamentalmente a consciência de um universo preenchido com outros seres sencientes e talvez um Ser Superior que transcende isto também. Nós podemos "conhecer" a realidade dessa existência sentindo-a (através da experiência dessa realidade) e desse modo nosso cérebro direito nos oferece um caminho para esse nível mais profundo de compreensão do que conseguimos ver ou medir de imediato através dos nossos sentidos limitados.

É através da nossa vida – nossas crenças e nossas ações – que manifestamos a realidade de outro modo incognoscível de Deus.

3

Neurociência da Alma

"E agora podemos acrescentar algo sobre certo Espírito sutil que permeia e está oculto em todos os corpos sólidos: pela força e ação desse Espírito, as partículas dos corpos atraem-se mutuamente a distâncias próximas e, se contíguas, unem-se; os corpos elétricos operam a distâncias maiores, seja repelindo, seja atraindo corpúsculos próximos; a luz é emitida, refletida, refratada, infletida, e aquece os corpos; toda sensação é estimulada e os membros dos corpos animais se movimentam ao comando da vontade, ou seja, pelas vibrações desse Espírito, mutuamente propagadas ao longo dos filamentos sólidos dos nervos, desde os órgãos externos dos sentidos até o cérebro, e do cérebro até os músculos."

— SIR ISAAC NEWTON[1]

Temos de fato uma alma?

Não estou falando da "alma" da música ou da "alma" de uma comunidade dinâmica. Refiro-me literalmente à parte imaterial de uma pessoa que contém centelha, vida, sentimentos, pensamentos e "mente".

A questão suscita debates acalorados. Os meandros da filosofia estão repletos com os cadáveres de argumentos a favor e contra a existência da alma. Os filósofos voltaram-se para a ciência a fim de resolver o impasse e, por descrever claramente o funcionamento interno do cérebro, a neurociência tem uma grande contribuição a dar. A ciência tem muito mais a nos dizer a respeito da alma do que suspeitávamos até agora.

De modo geral, os filósofos da religião asseveram a existência da alma. Nas principais correntes filosóficas, porém, assim como na ciência, a visão predominante é a do materialismo. Para os materialistas, a alma por si só não existe, e estes afirmam que temos apenas corpo, ou matéria. Todas as demais posições constituem para eles literatura fantástica ou religião, e por isso são suspeitas. Nas palavras de Daniel Dennett, filósofo materialista e cientista do conhecimento, os seres humanos têm uma alma. "Mas de que ela é feita? De neurônios. É feita de muitos robôs minúsculos. Podemos explicar a estrutura e a operação desse tipo de alma, mas uma alma eterna, imortal e imaterial é tão somente um tapete metafísico para debaixo do qual você varre seu constrangimento por não ter nenhuma explicação."[2] Com efeito, a alma de Dennett não é uma alma, absolutamente. É um painel de comando. Muitos cientistas concordam com ele.

Como neurologista, admito que as áreas da biologia básica e da matéria têm muito a explicar a respeito da alma, mas discordo da perspectiva que reduz todos os fenômenos mentais ou conscientes a ações materiais. Toda visão que restringe os nossos estados mentais a meras reações neuronais, eletroquímicas, que considera o cérebro como um mero computador, é profundamente inadequada. Como veremos em seguida, avanços no campo da neurociência mostram que nossos estados espirituais transcendem a estrutura e o funcionamento do cérebro material. Novas evidências sugerem que pode existir algo como *mente* e alma.

A neurociência também evidencia que a crença na existência da alma é essencial para o nosso ser. O fato de termos ou não uma alma não é algo supérfluo. Trata-se, sem dúvida, de uma das indagações mais importantes que podemos fazer. Poder-se-ia inclusive dizer que o objetivo mais elevado da evolução é a crença na alma, pois essa crença não só fornece o fundamento da nossa indagação sobre o sentido e propósito da existência, como também informa nossas ações e assegura à nossa vida suas dimensões morais mais elevadas.

O que É a Alma Exatamente?

Como a neurociência pode provar a existência da alma? As provas estão no que já conhecemos sobre o funcionamento da nossa biologia – nosso cérebro e nossa mente. Encontram-se no que conhecemos a respeito da grande aspiração à conectividade, ao sentido e ao relacionamento que está enraizada nas profundezas da nossa constituição humana.

No nível mais simples, a alma é uma extensão do anseio do corpo de se conectar. Sem sua capacidade de se unir, a alma é algo distante e incognoscível em si, inclusive para si mesma. A alma se revela através da sua vontade e envolvimento, um envolvimento que reconhece que sua vitalidade e expressão dependem de sua relação com o que está além de si mesma.

Essa não é uma ideia nova. Algumas concepções mais antigas da alma já estabeleciam sua relação com o corpo. Muitos pensadores da antiguidade viam a alma como um espírito vivificador, um espírito que insuflava alento no corpo, mas que não era totalmente "do" corpo. Para os gregos, a alma era *psuchê* ou *psykhe*, literalmente "sopro de vida". Para Tomás de Aquino e Aristóteles, a alma, ou *anima*, era aquilo que animava o corpo, mas que não se esgotava com ele. Isaac Newton via a alma como energia, respiração e espírito.

Newton acrescentou uma perspectiva científica ao efetivo funcionamento do nosso corpo, fundamentando e fortalecendo assim a visão da alma como força da vida. A descrição que faz da alma como energia continua verdadeira. A alma é a entidade que mantém a vitalidade do corpo; ela infunde vida aos nossos órgãos e membros. A alma é também o que dá alento ao que ele chamava de "intelecto" e ao que nós denominaremos "mente" – o poder e a vontade de criar, compreender e relacionar. É a mente/intelecto que nos dá o senso da nossa identidade e que, através dessa individualidade, proporciona uma maneira de nos conectar e manter nossa vitalidade além do corpo.

Uma observação sobre terminologia. As palavras *mente* e *alma* são para mim equivalentes, e assim as emprego. Como já mencionei, a distinção crucial que desejo fazer é entre o material (corpo) e o imaterial (alma). Não se pode reduzir a alma ao corpo, e existe algo mais do que o corpo simplesmente.

Chamar esse algo de "alma", "mente" ou "intelecto" é menos importante para o argumento como um todo do que compreender como a alma/mente/intelecto transcende os processos puramente físicos ao mesmo tempo que se mantém conectada com eles.

Como, na concepção de Newton, o Espírito infunde vida no nosso corpo e na nossa alma? Newton acreditava que o Espírito é dotado de ação ou força. Através da força, o Espírito suscita sensações, estimula a mútua atração dos corpos e inclusive emite ou refrata luz. Eu sustento que essa força é a nossa aspiração à conectividade. Essa aspiração é fundamental para compreender a base biológica da alma. Mas antes de nos determos sobre a base biológica da nossa conectividade fundamental, eu gostaria de contar uma história pessoal que mostra um pouco como é essa "aspiração à conectividade". A história mostra também por que, ao falar da alma – que, concedo, envolve neurônios –, não devemos nos limitar a elementos físicos mensuráveis. Ao nos debruçarmos sobre a alma, precisamos examinar não apenas aspirações no nível da biologia, mas também nossos anseios mais profundos por conexão. De fato, o paralelo entre as nossas aspirações físicas e as espirituais está no âmago do motivo que, para início de conversa, me anima e me leva a acreditar que devemos ter uma alma. Mais importante ainda, se toda conversa sobre a alma se restringir ao corpo, perdemos irremediavelmente um elemento determinante de quem somos.

Quando eu tinha 19 anos, meu pai foi visitar meu irmão na Califórnia. Durante a estada, ele precisou passar por uma cirurgia cardíaca e sofreu um AVC severo na sala de operação. Essa complicação é mais comum do que em geral se imagina. Em consequência do derrame, papai entrou em estado de coma, não apresentando nenhuma reação durante vários dias. Minha família temia pelo pior. Quando eu soube da situação, providenciei de imediato um voo para a Califórnia, para estar ao lado do meu irmão e dos demais familiares. Antes de partir da Costa Leste, porém, havia algo importante – e incomum – que eu me sentia impelido a fazer.

Eu cresci em uma família predominantemente não religiosa. Embora nos considerássemos judeus, minha única exposição ao judaísmo religioso era participar dos *bar mitzvahs* dos amigos – o que para a maioria dos judeus reformistas nos Estados Unidos não era exatamente uma experiência espiritual. Mas, no tempo da faculdade, conheci o rabino Gurary, um elegante e afável homem de fé inabalável, que se tornou meu amigo, mentor e orientador espiritual. Rabino Gurary fazia parte da tradição Lubavitch, uma corrente do judaísmo hassídico com origens em uma região da Rússia próxima das minhas raízes paternas. *Lubavitch* significa "Cidade do Amor", e aprendi com o rabino que amar os nossos semelhantes e amar a Deus é um único e mesmo processo, uma só e mesma obrigação.

Antes da viagem para ver meu pai, solicitei ao rabino Gurary que pedisse ao Rebe Lubavitcher – o Grão-Rabino da Seita, reverenciado por milhões de pessoas em todo o planeta – que fizesse uma prece por meu pai. Essa seria uma honra extraordinária, mas também um pedido difícil de ser atendido: o rabino Menachem Mendel Schneerson, o sétimo líder da dinastia Chabad-Lubavitch, era considerado a personalidade judia mais influente dos tempos modernos (e ainda é, embora falecido em 1994). Repito, eu não era particularmente religioso, mas ouvira muitas histórias de "milagres" ocorridos após as preces do Rebe – e eu queria um milagre para o meu pai. Embora meu cérebro racional, lógico, soubesse que a situação fisiológica de papai era grave, deixei uma pequena porta aberta para um milagre desse gênero, e eu sabia que uma pequena oração – ou nesse caso, uma grande – não faria mal algum.

Quando cheguei à Califórnia, encontrei minha irmã, minha mãe e meu irmão peregrinando entre a UTI e a pequena casa do meu irmão, onde todos se instalaram em vigília. Como é comum em situações de crise, os familiares choravam, mantinham olhares vagos e perdidos, reclamavam ao menor deslize ou se ocupavam com tarefas necessárias ou desnecessárias. Minha mãe não comia nem dormia havia vários dias. Ela me olhava como se fosse um passarinho sem asas e sem penas que poderia quebrar os ossinhos se caísse do ninho. Eu jamais vira aquela mulher – que sempre fora muito forte – tão fragilizada.

Minha irmã me preveniu a respeito da aparência do meu pai. Eu lhe disse que conseguiria lidar com a situação. Mas ela insistiu, dizendo que nada pode nos preparar para ver alguém que amamos emaranhado em linhas intravenosas, inchado, ligado a um aparelho de respiração artificial, e sem responder a qualquer coisa que se diga, mesmo sendo tocado. Ela ficou me olhando durante um bom tempo, e eu poderia dizer que ela estava tentando me dizer que não acreditava que nosso pai sairia do coma algum dia. Ou seja, para todos os efeitos, eu iria visitar um homem morto.

Segurei a respiração, na esperança de que o Rebe de Eastern Parkway, no Brooklyn, tivesse recebido meu pedido de oração por meu pai. Não mencionei a ninguém da minha relativamente irreligiosa família esse meu desejo secreto nem as suspeitas da minha fé emergente.

Quando entramos no hospital, minha mãe chegou ao limite do suportável e desabou. Temendo que ela entrasse em colapso por exaustão, nós a ajudamos a sentar-se em uma cadeira na sala de espera, e minha irmã ficou com ela. Meu irmão foi buscar algo substancioso para ela na cafeteria. Assim, inesperadamente, entrei sozinho no quarto do meu pai.

Minha irmã estava certa. Meu pai parecia tão próximo da morte quanto eu imaginava que um ser humano poderia estar um pouco antes de entrar na sala do médico legista. Os olhos estavam fechados, a barba crescida e o corpo encurvado em uma posição anormal. Eu não sabia o que fazer. Sussurrei um fraco "olá" e afaguei sua mão quente. Então eu disse uma palavra: "Papai", repetindo-a várias vezes, e acrescentei: "É o seu filho, Jay! Se estiver me ouvindo, abra os olhos, ou me dê um sinal. Mostre-me que consegue me ouvir. Talvez possa pressionar a minha mão...".

Fiquei atento a uma possível pressão da mão por alguns instantes, ajoelhei-me ao lado da cama e observei seus dedos na tentativa de detectar o menor movimento. Durante um bom tempo, nada... Então, percebi vagamente de soslaio que alguma coisa na cabeceira da cama havia mudado. Levantei lentamente os olhos e vi que meu pai havia virado a cabeça para mim e aberto os olhos – pela primeira vez depois de vários dias. Ele parecia confuso, e olhava assustado. Eu também me assustei. Éramos como dois animais aproximando-se na floresta à noite, nenhum sabendo o que fazer.

Sob o choque e o temor causados pelo olhar intenso que meu pai me dirigia perpassava uma sensação de profunda conexão e emoção. Era o tipo de conexão profunda que muitos pais e filhos têm; mas, mais do que isso, era uma conexão que na sua própria força nos assustava. Era como se, ao falar ao meu pai, eu tivesse me dirigido a Deus, e Deus tivesse respondido, fazendo meu pai abrir os olhos. Isso seria possível? Saí apressado do quarto e chamei o pessoal do hospital. Em seguida corri à sala de espera para dizer à minha família que papai havia saído do coma. Essa não é uma mensagem que se transmite todos os dias.

Descrença total parecia reinar entre todos os membros da família e entre o próprio pessoal do hospital enquanto uma enfermeira acompanhava mamãe até o quarto. Minha mãe esboçou um sorriso e sussurrou o nome do meu pai. Não fui com ela até a cama, preferindo ficar perto da porta. Mas então comecei a andar pelo corredor, na direção oposta, tentando entender o que havia presenciado. Ao ver uma placa vermelha indicando saída acima de um conjunto de escadas de incêndio, encaminhei-me direto para lá – mas não consegui chegar. Minhas pernas deixaram de me carregar, eu caí e chorei de um modo que não chorava desde criança. Senti-me acabado, exaurido. Eu havia passado pela experiência de um poder maior do que o meu, grande demais para suportar.

Desde então, ao longo dos anos, penso com frequência na conexão que meu pai e eu vivemos naquele dia. O indescritível temor reverente e a gratidão por ser tocado daquela forma por uma mão invisível levaram-me a sentir uma conexão muito intensa e misteriosa, uma unidade, nas camadas mais profundas do meu ser. Muitas pessoas haviam dirigido a ele as mesmas palavras: "Me dê um sinal". Mas somente quando eu as pronunciei seus olhos se abriram. Tive a sensação palpável de que meu pai e eu estávamos ambos fazendo todo o possível para alcançar um ao outro, mas também que estávamos conectados *além* um do outro. Naquele breve momento, a conexão foi com meu pai e também com Deus. Foi uma unidade das nossas almas, e na unidade das nossas almas havia uma conexão e uma comunicação com algo superior, uma comunhão maior com Deus.

Não obstante, que prova concreta temos de que a alma existe e tem aspirações? De que a nossa alma é estimulada a se conectar com outras almas ou a comungar com Deus? De que é impelida ao tipo de unidade que meu pai e eu sentimos um com o outro – e mesmo com algo superior? Se a alma não é algo material, se não é biológica, mas talvez "metabiológica", de que forma aquilo que sabemos sobre o corpo, sobre o cérebro, pode nos ajudar a compreender pelo menos se temos uma alma?

A Propensão do Cérebro à Conectividade

Pense na nossa aspiração básica à conectividade. A predisposição a nos conectarmos está enraizada nas profundezas da nossa constituição biológica. O cérebro é um órgão que está constantemente almejando relacionar-se com o que está além dele. Temos todos os tipos de instintos: instintos biológicos de sobrevivência, como aqueles que nos impelem a comer, beber, fazer sexo e nos manter vivos. Sempre que ocorre um desequilíbrio na nossa biologia, nossa fisiologia assume o comando e buscamos o que nos falta. Se não temos água suficiente, por exemplo, ficamos com sede e somos motivados psicológica e fisicamente a encontrar água e beber. O corpo trabalha constantemente para manter um estado de equilíbrio, ou "homeostase", em muitos dos seus processos fisiológicos internos.

Segundo as leis da termodinâmica, todos os sistemas biológicos vivos procuram seu estado de maior estabilidade. Assim, também o cérebro tende a manter o equilíbrio.[3] Para alcançar esse equilíbrio, ele é impelido a buscar a certeza, e encontra seu estado energético mais estável quando pode predizer com exatidão o que está acontecendo com base em padrões que já reconhece. A propensão do cérebro à certeza – encontrar ordem em um universo complexo e em geral caótico – é o que o leva a criar previsões e crenças; isto é, através de previsões e crenças ele pode gerar um resultado previsível.[4] Mas como ele gera essas previsões e assegura a certeza? É nesse ponto que a "mente" entra em ação.

A Mente e o Mundo das Ideias

Compara-se o cérebro ao mundo da matéria "sensível" de Platão, o plano físico da existência, enquanto a mente constitui o mundo "inteligível" – o mundo das ideias. Mente é a nossa capacidade de elaborar representações de cenários; é uma espécie de "simulador de vida". Se o impulso do cérebro a se conectar é uma força biológica relativamente simples e bruta, a aspiração da mente a se conectar é, quiçá apropriadamente, uma ferramenta muito mais sofisticada e poderosa, baseada em noções abstratas de realidade, linguagem, geração de imagens, metáfora e religião. Com a linguagem, por exemplo, produzimos representações, modelos de realidade que construímos e com os quais de modo geral concordamos. Concordamos que nesse local a que damos o nome de loja, posso trocar pedaços de papel dessa ou daquela cor, que chamamos dinheiro, sobre cujo valor já concordamos, por produtos que você quer vender e que eu quero comprar, e que a transação se dará sem o uso da força, mas possivelmente com grande persuasão.

A linguagem nos capacita a construir crenças sempre mais complexas e a confiar nelas na nossa vida diária, o que é sumamente necessário, dada a complexidade do nosso mundo. A linguagem é o que torna viável nosso sofisticado sistema de troca de base monetária em que todos compreendem quanto um determinado produto custa e o que estão trocando por ele, quer paguem com papel de uma determinada cor, com um cartão de plástico ou mesmo com um telefone. A construção de crenças complexas nas quais podemos confiar através da linguagem também nos ajuda a lidar com a complexidade de outros seres humanos e a compreender essa complexidade. A linguagem nos auxilia a resolver o conflito: conversamos sobre os problemas e chegamos a um acordo, na esperança de que esse acordo seja honrado.

A religião é outra ferramenta sofisticada que nossa mente desenvolveu para conectar e estabelecer confiança. Os mesmos mecanismos de crença relacionados a questões mais mundanas aplicam-se de igual modo aos aspectos existenciais. As crenças religiosas procuram gerar predições que reduzem a incerteza. Elas criam modelos de realidade e modelos de comportamento com os quais podemos concordar. Idealmente, as crenças religiosas geradas por nossa mente refletem empatia para com os nossos semelhantes e possibilitam relacionamentos baseados na intimidade, conexão, respeito mútuo e propósito.

Como sabemos de fato se aquilo em que acreditamos é real? Com base na natureza representativa da realidade, aquilo em que acreditamos torna-se a nossa verdade. A mente só pode conhecer sua própria versão dos fatos.

A surpresa é que os construtos ou padrões que o nosso cérebro gerou não precisam ser necessariamente confiáveis. Ainda assim acreditamos neles. Mas a crença, na verdade, não é apenas imaterial ou efêmera. A mente exerce uma influência direta sobre o nosso estado físico. Uma ponte direta liga nossos estados físicos e nossos estados psicológicos, a função das sinapses e as experiências e percepções que elas possibilitam.

As crenças se manifestam em nosso ser material. Aquilo em que acreditamos – e em que não acreditamos – exerce um efeito poderoso sobre o nosso corpo. Um caso ocorrido bem no início da minha carreira médica ilustra como a nossa saúde, e até mesmo a nossa própria existência, depende totalmente daquilo em que acreditamos.

Quando eu era um jovem médico-residente, Celestine, uma mulher caribenha prestes a dar à luz, chegou ao pronto-socorro queixando-se de dificuldades respiratórias. Todos os exames médicos apresentavam resultados normais, e a equipe concluiu que ela estava tendo um ataque de ansiedade comum, possivelmente relacionado com o parto próximo, uma reação bastante frequente. Então o pessoal a encaminhou para uma consulta psiquiátrica – padrão assistencial – e ela me procurou. Eu logo descobri que Celestine estava emocionalmente arrasada pelo fato lamentável de que sua gravidez (de oito meses e meio) era fruto de um caso ilícito que ela tivera com um homem casado, nativo da África Ocidental. Ele havia tentado obrigá-la a abortar nas fases iniciais da gravidez, mas ela se recusara por motivos religiosos, insistindo em ter o filho. Ele terminou a relação e a ameaçava seguidamente, dizendo que se ela não fizesse o que ele mandava, iria lhe rogar uma "praga *hoodoo*"* para matá-la e amaldiçoar o filho – contou ela. Enquanto ela descrevia essa ameaça, eu podia ver que sua pressão arterial e seu ritmo respiratório subiam. Celestine

---

* Magia tradicional africana que compreende o uso combinado de elementos da natureza, como minerais e plantas, com objetivos específicos, sejam eles maléficos ou benéficos. (N. do E.)

disse que acreditava que morreria, mas estava decidida a ter o filho de qualquer modo.

"Não se preocupe com isso. Você está apenas sentindo ansiedade. Todos os exames que fizemos estão normais."

"O senhor não entende?", reagiu. "É uma maldição, e eu vou morrer."

Era quase impossível manter Celestine calma. Sua frequência cardíaca manteve-se elevada durante toda a noite. Ela entrou em trabalho de parto prematuro na manhã seguinte, hiperventilando durante as contrações, incapaz de recuperar o fôlego apesar da administração de oxigênio, e repetindo o tempo todo: "Ele me matou. Por favor, salvem o meu bebê, por favor". Tendo feito um *checkup* completo apenas doze horas antes, concluímos que não havia razões médicas para a manifestação desses sintomas. A equipe médica voltou a atribuir as queixas e sintomas à ansiedade e continuou tentando acalmá-la. Celestine deu à luz um menino saudável, mas logo em seguida teve uma parada respiratória. Apesar de todos os esforços de ressuscitação, ela morreu sem ter segurado o filho nos braços.

Crenças são tão poderosas que podem destruir nossa realidade e substituí-la por uma realidade alternativa. Com efeito, as realidades virtuais que criamos para nós mesmos podem abranger todo o nosso ser. Celestine nos mostra que nem tudo está em nossa cabeça; as nossas crenças, por sua vez, afetam poderosamente o nosso corpo.

A Capacidade de Enxergar a Mente

Se essa mente/alma realmente existe, onde ela se localiza em nossa biologia? Felizmente, as "lacunas" entre o componente físico do cérebro e os atributos não quantificáveis da mente estão se tornando cada vez menores a cada ano que passa e a cada nova descoberta. Imagine a estrutura do cérebro como sendo o *hardware* do computador. Os neurônios, as células gliais, são a estrutura anatômica onde se processa a atividade. Por tradição, temos conseguido ver e diagnosticar apenas esse *hardware*. Graças a novas técnicas e instrumentos por imagem hoje adotados, porém, podemos agora até certo ponto quantificar não apenas o *hardware*, mas também o *software*. Podemos atualmente utilizar imagens por tensor de difusão (ITD; em inglês DTI – Diffusion Tensor Imaging), uma técnica de imagem por ressonância magnética pela qual os médicos examinam o interior do cérebro e observam o que está acontecendo – a consciência ou espírito, como quiser, dentro de uma pessoa.

Ao mensurar o fluxo de água através de miríades de redes no interior do sistema nervoso, a técnica ITD nos possibilita medir a energia livre no cérebro, com a finalidade de criar uma imagem visual da "alma em ação". Podemos literalmente ver imagens do mapa sináptico do cérebro – suas vias, suas pontes e seus desvios. Podemos localizar distúrbios neurológicos de maneiras que antes não estavam à nossa disposição.[5]

Mas, ainda mais importante, agora podemos visualizar o espírito a que Newton se referia: as forças dinâmicas que movimentam as energias do cérebro e que por sua vez dirigem nossos membros e órgãos e as demais partes do nosso corpo. Podemos quantificar essa energia. Com as ressonâncias magnéticas, hoje observamos não só neurônios e células gliais; observamos atividade. Assim, não temos apenas um vislumbre do que a mente faz, mas podemos literalmente ver a "mente" no cérebro. Podemos ver a crença em ação. E podemos ver como vários estados mentais (atividade espiritual, ou *software* da mente) alteram a estrutura do *hardware*.

A Ponte entre a Mente e o Corpo

Nossos estados emocionais ou crenças afetam nossa biologia. Mas *como* nossos pensamentos e crenças se instalam na nossa fisiologia? Em outras palavras, admitindo que o cérebro seja um gerador de realidade virtual que cria percepções, *como* essas percepções *interagem* com os nossos processos físicos? Como eventos não físicos ou estados metafísicos interagem com a estrutura física do cérebro? Como a mente/alma afeta o nosso corpo? Para entender como as percepções ou crenças interagem com a estrutura física do cérebro, precisamos compreender que a mente/alma funciona como um holograma.

Na década de 1930, o neurocirurgião Wilder Penfield estabeleceu pela primeira vez a relação entre o holograma e o modo como o cérebro projeta sua realidade virtual.

Um holograma é uma imagem tridimensional produzida por uma única fonte de luz. A palavra *holograma* deriva das palavras gregas *holos*, que significa "todo", e *gramma*, "mensagem". Para criar um holograma, tiramos a fotografia de um objeto, uma bola de tênis, por exemplo; em seguida iluminamos a chapa fotográfica e olhamos para ela a partir de vários ângulos. O resultado é uma imagem realista 3-D que podemos observar de todos os lados. A difusão da luz produz o modelo virtual. Mas, naturalmente, a bola de tênis que aparece no holograma não existe, não ocupa espaço físico.

Penfield desenvolveu um procedimento cirúrgico no qual operava o cérebro exposto do paciente enquanto este permanecia totalmente consciente. Os pacientes indicavam os locais exatos no corpo onde identificavam sensações provocadas pelos estímulos elétricos aplicados por Penfield nos seus cérebros. Por mais macabro que fosse, não era de todo surpreendente que pudessem sentir as sondagens realizadas pelo neurocirurgião. No entanto, ao usar a ponta do eletrodo para identificar a função do córtex cerebral relacionada com os locais correspondentes no corpo, Penfield induzia nos pacientes algo que ninguém esperava: sonhos tridimensionais, odores, alucinações auditivas e visuais, lembranças enterradas no passado distante sendo vividamente resgatadas e inclusive experiências intensas fora do corpo. Por exemplo, segundo Penfield, "quando um eletrodo era colocado no lobo temporal do paciente, este revivia em retrospecto (*flashback*) algum episódio ocorrido em períodos anteriores da vida. Eram ativações elétricas do registro sequencial da consciência, um registro que fora gravado durante a experiência anterior do paciente".[6]

A partir desses experimentos, Penfield concluiu que áreas do cérebro têm a capacidade de envolver a memória de uma maneira holográfica, oferecendo uma dimensão da realidade perceptual que nos permite *re*animar, e assim reexperimentar vestígios da nossa experiência passada. Quando você se lembra da sua mãe acalmando-o quando criança, o que você revive na sua mente não é uma vista plana como uma fotografia ou um quadro. Antes, a sua mente tende a recriar o evento real. Você vê o rosto da sua mãe de uma forma tridimensional. Você repassa em sua cabeça um filme dos movimentos dela. A lembrança da sua mãe se assemelha mais a um holograma do que a uma fotografia; que foi exatamente o que Penfield descobriu. Quando o cérebro era estimulado externamente, gerava uma reprodução convincente de uma experiência anterior. Essa reprodução representava o evento relembrado em sua plena multidimensionalidade.

Os *flashbacks* dos pacientes de Penfield pareciam apresentar-se em uma ordem apropriada, como cenas em um filme, como se houvesse um fluxo contínuo de eventos. Ele observou que os pacientes eram capazes de distinguir entre a experiência daquele momento na sala de cirurgia e as lembranças vívidas que evocavam. Talvez ele pudesse ter-lhes perguntado: "Você está gostando do filme?". Mas eles não entenderiam bem essa pergunta. Em outras palavras, eles viviam a experiência de dois "fluxos de consciência" simultâneos. De um lado, podiam ver, sentir e experimentar a lembrança, totalmente revivificada. De outro, também sabiam que se tratava de uma mera observação. Os sujeitos de Penfield sabiam que estavam gerando um mundo virtual ao mesmo tempo que se mantinham radicados na realidade concreta. Podiam inclusive comparar os dois mundos. Os pacientes de Penfield que demonstravam esse fluxo duplo levaram-no à conclusão de que a mente é de fato separada do cérebro e que é sustentada por uma "forma diferente de energia".[7] Inúmeros estudos posteriores corroboram as descobertas de Penfield.

O que a analogia do holograma nos diz é que a mente não ocupa um espaço físico claramente delineado no *hardware* do cérebro. A mente é "não localizada", com todos os diferentes fluxos de pensamento inextricavelmente ligados a outros grupos de experiências relembradas e ao todo. Isso se contrapõe ao modo de pensar convencional em neurologia, onde em geral associamos função com áreas delineadas específicas do cérebro. Mas o exemplo do holograma nos diz que enquanto o cérebro é físico, a experiência que ele incorpora – sua realidade virtual ou representacional – é imaterial. É como se o holograma possibilitasse uma espécie de transmutação em que as forças invisíveis da mente e da alma se manifestam através da vasta rede anatômica de neurônios e sinapses. O holograma conecta mente e cérebro, oferecendo o nexo entre o material e o imaterial, entre o físico e o metafísico.[8]

A Ponte entre a Mente e a Alma

Olhar a mente como um holograma nos ajuda a compreender como as percepções e, portanto, as crenças são geradas pelo cérebro e de que modo pensamentos e emoções imateriais interagem com os processos físicos. O problema com o modelo holográfico surge quando tentamos entender o que o cérebro realmente percebe. Voltando à nossa bola de tênis projetada:

em um holograma, a bola está tão presente quanto as sombras na parede da caverna na *República* de Platão, não mais do que isso. O holograma é um truque da percepção – é informação supercondensada, realista, registrada e reanimada. Quando olhamos o holograma, vemos a bola projetada no espaço, e ela muda de perspectiva quando a observamos a partir de ângulos diferentes. O modelo holográfico implica que as nossas percepções são uma mera ilusão. Então, se o que percebemos é um simulacro, qual é a verdadeira natureza do objeto que percebemos ou daquilo que está sendo refletido?

Deparamo-nos aqui com um paradoxo importante. Uma coisa é afirmar que o holograma é o canal entre o pensamento ou a emoção e o corpo, entre nossas lembranças e nossa fisicalidade. Sabendo, porém, que o cérebro é capaz de projetar ilusões, também desejaremos saber o que está atrás da tela dessa projeção virtual. Desejaremos saber se o holograma é real – ou pelo menos se o que ele representa é real. Queremos saber se as nossas crenças são reais. Talvez removamos o anteparo do truque de mágica apenas para concluir que não existe nada atrás dele. Ou existe?

Lembre-se de que o holograma é uma imagem iluminada que necessita de uma fonte de luz para ser criada; sem luz, não há objeto nem simulacro dele. Essa luz também produz a centelha da consciência humana – a nossa capacidade de perceber. E como a luz está sempre ligada à sua fonte, assim a nossa alma é o "objeto" ligado à luz que emana de Deus, iluminando a própria existência dessa alma. "A luz dispersa sua natureza unitária em uma infinidade de formas", disse o filósofo alemão Hegel em 1807, "e se oferece em sacrifício [...] para que de sua substância o indivíduo possa extrair uma existência duradoura para si mesmo".[9]

A alma, então, é a nossa conexão com Deus, o nosso conduto para uma realidade mais profunda, que geralmente desconhecemos. Acreditar na alma significa acreditar que existe um impulso imaterial, análogo ao instinto material (isto é, à predisposição do cérebro e da mente) para a conexão, impulso este que está profundamente incorporado em nossa constituição. Se você preferir, significa acreditar que existem forças de energia paralelas. Esse impulso à conexão é o que nos leva a procurar nossa unidade e nossa consolidação intrínsecas.

Somos impelidos a nos conectar com Deus, do mesmo modo que a chama se eleva para envolver sua fonte. Para Descartes, a alma define não só o que *não* é biológico, mas também o que é o princípio espiritual dos seres humanos e a "centelha da divindade" interior. Todos nós nascemos com uma alma, essência indivisível unida a Deus, mas existem múltiplos níveis de divindade a nós revelados e de nós escondidos. O nível mais elevado de comunicação ou comunhão conota a essência da alma – a unidade da alma com sua fonte, a essência singular de Deus. A alma pode ser vista como o ponto focal ou elo entre o nosso envolvimento com o mundo físico em um extremo e com Deus no outro. Cada alma pode ser vista como um fragmento integral de luz divina,[10] a centelha essencial entre um Deus transcendente e sua manifestação imanente. A alma é o que nos liga a Deus, aos outros e a nós mesmos.

Embora meu pai tenha saído do coma, ele nunca se recuperou totalmente. O sofrimento emocional consequente consistiu em um verdadeiro e incessante teste de fé e resistência tanto para ele quanto para nossa família ao longo dos doze meses seguintes.

Quase exatamente um ano mais tarde, ele faleceu por conta de complicações decorrentes do derrame.

Meu pai sempre foi um homem muito sociável, loquaz e espirituoso – um pedicuro que brincava com seus pacientes, preocupava-se com eles e os conhecia profundamente. No seu último ano de vida, o derrame o deixou com problemas sérios de fala, cegueira e paralisia parcial do lado esquerdo do corpo, para não mencionar uma espécie de vazio onde sua personalidade costumava estar. Atormentava-me continuamente a ideia de que ele saíra daquela UTI um homem ainda vivo, sim – mas diferente, irreversivelmente deficiente.

A profunda desconexão do meu pai durante aquele período (ele não conseguia falar nem reconhecer as pessoas que amava) me afetou de modo tão intenso quanto me comovera nosso momento de conexão. Eu estava apavorado e abalado com a minha incapacidade de ter acesso ao homem que eu sempre conhecera. O que havia acontecido no seu cérebro e na sua mente para que mudasse tão dramaticamente? O que quer que tenha se desligado no meu pai despertou em mim uma enorme sede de perscrutar os mistérios da mente. Decidi estudar neurologia e neurociência. Fiquei fascinado com o funcionamento interno da nossa mente – e do nosso cérebro. A desconexão com meu pai me levou a um caminho e a uma carreira totalmente novos para mim.

Juntos, os nossos momentos de desconexão e de conexão me impulsionaram à frente. Para mim, porém, foi principalmente o momento de conexão eletrizante que triunfou e permaneceu comigo. Foi um momento durante o qual algo dentro de nós se conectou não apenas de um para outro, mas também a um poder superior. Um momento suscitado por alguma coisa profunda inserida na constituição de cada um de nós. Um momento que me empurrou para as minhas buscas científicas e religiosas.

Sugiro que algo semelhante pode acontecer a qualquer pessoa, quando a nossa tendência a nos conectarmos uns com os outros é interrompida por uma experiência profundamente traumática. Acontecimentos como guerras e atos criminosos (ou qualquer coisa que indisponha uma alma contra outra) não resultam apenas em enorme perda de vidas humanas; também podem fazer com que nossa alma pare de buscar a conexão e passe simplesmente a concentrar-se na mera sobrevivência. O nosso trauma mais profundo é acima de tudo a perda da confiança em nós mesmos e, paralelamente, a perda de confiança nos outros e em Deus. Em hebraico, a palavra "pecado" também significa "diminuir"; nossa separação de Deus e dos outros é um afastamento da nossa essência, que é fundamentalmente um distanciamento da união e da conectividade.[11]

Entretanto, existe esperança. Como vimos na nossa análise do cérebro e da mente, podemos restabelecer essa conectividade quando elevamos nossa existência além dos seus limites físicos. Quando transpomos o físico e alcançamos o metafísico, redescobrimos nossas conexões de uns com os outros. Ao criar a crença, o propósito do cérebro/mente é dotar-nos de confiança, da previsibilidade da experiência e da coesão dos relacionamentos. É o fundamento da nossa conectividade dentro de nós e entre nós, a capacidade de agir em um mundo onde a realidade é em geral considerada como puramente subjetiva. É através da nossa capacidade de tocar o intangível que também somos capazes de apreender a essência de nós mesmos e dos outros e, por essa conectividade, também nos manter fiéis a Deus.

4

Evolução da Fé e da Razão

"Os limites da minha linguagem denotam os limites do meu mundo."

— LUDWIG WITTGENSTEIN[1]

"Ao criar símbolos, a mente compreende o que em si mesmo é incompreensível; assim, através do símbolo e do provérbio, o Deus infinito revela-Se à mente humana."

— MARTIN BUBER[2]

Eu gostaria de apresentar-lhe um grande amigo meu.

Eu amo esse amigo. De verdade. Ele é a personificação da aceitação, do amor e da alegria, e ao longo dos anos tornou-se um membro de confiança da família. Vejamos se consigo descrevê-lo melhor.

Ele é malhado e tem uma cabeça do tamanho de uma bola de basquete. Ele adora a minha mulher e as minhas filhas, estando sempre de prontidão para protegê-las. Quando as pessoas o veem pela primeira vez, às vezes se amedrontam um pouco. Ele é todo músculos, mas em seu coração é uma manteiga derretida; é incapaz de machucar uma mosca. Ele pesa uns 45 quilos, é muito bonito e atende pelo nome de Tiger.

Quem é meu amigo?

É meu cachorro, metade *pit bull* metade *mastiff*, uma combinação de raças que pode parecer curiosa até você vê-lo e começar a conhecê-lo. Tiger foi abandonado quando estava com quase 1 ano de idade, macilento e desabrigado, e nós o resgatamos. Eu queria um cão de guarda na casa para quando estivesse ausente. Mas Tiger mostrou-se o cão mais medroso da história do reino canino. Ele é mais um gatinho de guarda do que um cão de guarda. A melhor ideia que ele faz de um período de selvageria e aventuras é sentar no assento do passageiro do carro quando saímos para passear.

Falo de Tiger porque, por mais que eu ame o meu cachorro e ele seja um membro querido da família, quero levantar uma questão da maior relevância: Existe diferença entre Tiger e os demais membros da minha família? Existe diferença entre Tiger e a minha filha de 11 anos, Sofia, aspirante a ilusionista e observadora arguta do comportamento humano, fã ardorosa e jogadora de hóquei? Existe diferença entre Tiger e a minha filha de 14 anos, Julia Grace, uma artista, atriz nata e uma soprano que canta seus passos pela vida? Existe diferença entre Tiger e a minha esposa, Rita, a mulher mais bela do mundo, *mi corazón* e a alma da minha família?

A questão das diferenças entre humanos e outros animais não é tão simples como pode parecer a princípio. A pergunta específica é esta: Existe diferença evidente em nível biológico e existe diferença em um nível espiritual?

Temos de enfrentar e nos debater com essa distinção. Existe um movimento global bem-intencionado no sentido de levar os direitos animais à sociedade como um todo. Treze estados norte-americanos aprovaram recentemente leis que tornam ilegais atos como acorrentar ou amarrar um cachorro a um poste ou a uma árvore. Na Suíça, é ilegal manter um peixe-vermelho sozinho. E na Espanha, muitos direitos legais foram estendidos a primatas não humanos. Há rumores no sentido de possibilitar que um animal tenha um advogado para defendê-lo em juízo, e existem discussões em torno da criminalização da compra e venda de animais.

O movimento vai muito além de apenas advogar tratamento humano para os animais ou acabar com as "fábricas de cães" precárias e abusivas. Na sua essência, o movimento procura combater o "especismo" – a ideia de que existem diferenças entre humanos e animais.[3] Animais de estimação não são animais de estimação, dizem seus defensores, e animais de estimação não são propriedade: animais de estimação também são pessoas.[4]

São pessoas de fato, porém? Seriam os humanos diferentes dos outros mamíferos? Ou – ousamos dizer – os humanos são especiais?

A Lei da Selva

Charles Darwin, o naturalista e autor da teoria da evolução, expressou seus pensamentos sobre o processo evolutivo e a engenharia social. Da passagem a seguir é fácil depreender o que acontece se não fazemos uma distinção fundamental entre a biologia que é comum aos humanos e aos animais ao mesmo tempo que afirmamos a nossa singularidade:

> Entre os selvagens, os fracos de corpo ou mente são logo eliminados; e os sobreviventes exibem em geral uma saúde vigorosa. Nós, civilizados, por outro lado, fazemos todo o possível para deter o processo de eliminação: construímos asilos para os imbecis, os aleijados e os doentes; instituímos leis para proteger os pobres; e os nossos médicos empregam toda a sua capacidade para salvar a vida de cada um até o último momento [...]. Assim os membros fracos das sociedades civilizadas propagam sua espécie. Ninguém que tenha observado a criação de animais domésticos duvidará de que isso deve ser altamente prejudicial à raça humana. É surpreendente ver a rapidez com que a falta de cuidado, ou um cuidado mal direcionado, leva à degeneração de uma raça doméstica; com exceção do próprio homem, porém, dificilmente alguém é tão ignorante a ponto de permitir que seus piores animais procriem.[5]

Ao incluir essa citação, o meu objetivo não é difamar Darwin. Antes, eu defendo a necessidade de um debate muito mais honesto sobre no que de fato acreditamos quando discutimos argumentos relacionados à teoria da evolução a partir das perspectivas relativas da ciência ou da religião. As implicações daquilo em que acreditamos, quando não examinadas, nos levaram ao darwinismo social e ao conceito de "sobrevivência do mais apto" – um declive deveras escorregadio.

Na comunidade científica, da qual faço parte, um número representativo de acadêmicos veste o manto do evolucionista como uma escritura sagrada para provar que Deus não existe. Pessoas leigas então leem os trabalhos desses pesquisadores, talvez passando superficialmente os olhos sobre as suas credenciais acadêmicas e sendo influenciadas por elas, e então aderem à mesma linha de pensamento contrária a Deus. Como consequência, constatamos hoje uma espécie de bifurcação entre cientistas e religiosos. Percebemos isso de modo particular entre a comunidade científica e os criacionistas que aceitam a teoria do *design* inteligente. Esses criacionistas são às vezes escarnecidos pela comunidade científica – e vice-versa. Ambos os lados do debate acreditam tratar-se de um tipo de argumentação na qual um lado está absolutamente certo e o outro totalmente errado.

Mas não é um debate desse tipo. Os dois campos estão corretos. A evolução pode coexistir em harmonia com a existência de Deus. Na aparência, essas duas crenças podem mostrar-se contraditórias, mas não o são; elas são paradoxais.

O problema é que podemos ser facilmente arrastados por um campo ou para outro sem nenhuma compreensão verdadeira dessas asserções ou de suas implicações sobre as origens do *Homo sapiens* (que significa "seres que sabem") para tudo, desde a pesquisa científica até a política social. A teoria evolucionária é muito mais matizada e granulosa do que um e outro lado se preocupam em reconhecer. E, nesse sentido, assim é também a fé em Deus. Como escrevi antes, não estou de modo algum advogando uma "fé cega" ou uma fé que de alguma forma prescinda da inteligência e da pesquisa. Pelo contrário, sustento uma fé baseada em evidências.

Como este capítulo trata daquilo que nos torna únicos como humanos, precisamos entender nossas próprias origens biológicas e "metabiológicas", compreender de que forma nos inserimos nessa história complexa – e em expansão – da humanidade e do Universo. Se nós humanos ficamos confinados unicamente ao campo evolucionário e somos vistos apenas como animais, não correspondemos ao nosso potencial pleno. Ainda assim, como diz a citação de Darwin, existem graves perigos com essa linha de raciocínio. De modo específico, se não compreendemos de forma ampla o que nos torna especiais, corremos o risco de "comoditizar" nossa própria humanidade. Precisamos lembrar que existem exceções às leis da evolução biológica, sendo a criação da mente humana a prova número um.

Da perspectiva da natureza, o aparecimento da mente humana é uma distorção no mecanismo evolutivo, uma aberração. Pergunte a si mesmo: Qual é a vantagem para os primatas não aquáticos altamente avançados em terem uma mente. De uma perspectiva puramente evolucionária e de sobrevivência, nós humanos teríamos sido mais bem servidos se tivéssemos acabado como autômatos irracionais. Não haveria guerras ou conflitos, não haveria ideologia em que acreditar ou com que discordar. Sem mente, as possibilidades de sobrevivência teriam seguramente aumentado.

Não obstante, de algum modo a mente humana soltou-se das rédeas da seleção natural. Ela se livrou das algemas da causalidade biológica, das correntes do determinismo físico. Assim, de duas posições precisamos concluir uma: ou a evolução tem um objetivo, o que implica intervenção, ou a evolução é desprovida de qualquer direção. E mesmo se dissermos que não existe princípio auto-organizador, nenhuma ação preconcebida ou direção além da seleção natural, teremos de sustentar que a criação da mente – o poder e a vontade de criar uma vez mais, sua milagrosa emergência e capacidade de ação – é sinônimo de propósito. A existência da mente reflete a capacidade humana única de criar, sem precedentes ou leis fixas. Essa criação de abrangência universal da consciência é a obra de arte da mente humana. Com esse presente, temos a liberdade de evoluir e de transformar a nós mesmos além da nossa existência material.

O fenômeno da linguagem humana é essencial para compreender o lugar da humanidade no Universo, e ao longo deste capítulo examinaremos por que a linguagem é o grande divisor de águas que altera tudo. A neurociência vem nos ajudando a entender como o cérebro humano evoluiu com maior complexidade e utilidade através da linguagem para nos equipar com a capacidade de pensar e raciocinar. É o cérebro unicamente humano que nos possibilita pensar abstratamente, criar ferramentas e inclusive controlar nosso próprio destino. A emergência da linguagem representa um algoritmo evolucionário único, a capacidade da nossa mente de codificar ideias e de criar roupagens com as quais vestir nossos estados interiores e formas pelas quais partilhá-las com outros.

Com o desenvolvimento da linguagem, criamos imagens e ampliamos metáforas. Desenvolvemos um sistema imensamente complexo e sofisticado para conectar a mente de uma pessoa com a mente de outra – ou mesmo com milhares de mentes de outras pessoas, no caso da comunicação de massa. Não vemos animais fazendo isso. Animais não dão conferências do TED. Golfinhos ou baleias não realizam assembleias onde travam debates políticos ou religiosos.

A linguagem é suprema. É um presente diferente de todos os outros. No entanto, é também uma espada de dois gumes, no sentido de que palavras podem ser e têm sido usadas tanto para nos instruir como para nos enfurecer. A linguagem se faz acompanhar de imensa responsabilidade. Assim, precisamos compreender muito bem o poder da linguagem. Podemos literalmente criar e destruir o mundo interior e o mundo além de nós mesmos com as palavras que escolhemos. A capacidade para expressar o pensamento está repleta de seus próprios erros de tradução e corre o risco de criar uma "Torre de Babel" de espaço desconectado entre nós.

DNA: Decodificando a Mente de Deus

Você já refletiu sobre o modo como elaboramos e estruturamos a linguagem? Nós não apenas *usamos* a linguagem: nós *somos* linguagem. Uma lei escrita por um autor anônimo é seguida por todos os seres vivos, uma lei que estabelece a constituição da vida em si. Podemos concebê-la como um sistema *a priori* de conhecimento que confere à natureza sua motivação para agir. O DNA é a vontade da biologia; suas sementes transformam a potencialidade da vida em sua expressão tangível, a matriz que dá à borboleta asas para voar.

Inscritas no texto do DNA estão todas as mensagens ocultas da vida e as possibilidades futuras, o potencial intrínseco ainda em gestação e a tensão entre o "que é" e "o que deve ser" da existência. Os genes são as letras do DNA; o arranjo dessas letras contém as ideias do possível e do emergente. Como ocorre com toda linguagem, os significados podem mudar através de sequências variadas. O discurso biológico da expressão do gene tem seus próprios exemplos de edição, significados divergentes e censura – suas manifestações variegadas dependem da fidelidade da expressão ao conteúdo interno do texto do DNA.

Por exemplo, existem regiões do DNA que podem ser omitidas ou silenciadas, com mudanças correspondentes na constituição do mecanismo biológico. São mudanças nas letras do DNA que dão à vida sua capacidade interpretativa, vários modos de transmissão que podem alterar o significado. A natureza legou à sua descendência um repositório de liberdade, a capacidade de criar um diálogo para reagir e para adaptar-se ao que em geral seriam compulsões biológicas imutáveis. Em outras palavras, releve-se o trocadilho, o DNA é uma linguagem que evolui.

Os genes estão aninhados em longas cadeias de DNA chamadas cromossomos. Os cromossomos são tão longos que precisam se enroscar como uma serpente. Essas serpentes estão envolvidas em camadas de proteínas, chamadas histonas, que controlam a atividade do DNA e sua expressão. Como uma múmia antiga, o DNA pode se desenroscar, o que logo ativa o código de genes oculto. Como resultado, o DNA em si não muda, mas a expressão do genoma pode alterar-se. Esse processo é denominado *epigenética*, termo que se refere a modificações na função dos genes em que não há mudança ou "mutação" no texto "escrito" ou no código do gene em si.

A ideia de que os seres vivos se adaptam com base na experiência e através do mecanismo de epigenética também é um princípio subjacente de neuroplasticidade, a ideia de que os cérebros podem mudar a si mesmos em decorrência de influências ambientais. Essas formas transgeracionais de herança podem ser rastreadas através da evolução da linguagem.

E qual é a relação entre epigenética – a capacidade interpretativa do DNA – e a evolução da linguagem humana? É a possibilidade singularmente humana de transcender o que parece fixo e imutável para realidades alternativas de significado e existência.

Evolução Espiritual

A invenção da linguagem representa a evolução da capacidade da nossa mente de codificar ideias, de criar roupagens com as quais envolver nossos estados interiores e de formas pelas quais compartilhá-las com outros. Com a nossa mente, temos a capacidade de construir significados alternativos através do potencial transcendente da linguagem humana. Essa transcendência no desenvolvimento da linguagem acarreta uma progressão na complexidade das representações, uma conceptualização do conhecimento que não é diferente do modo como o DNA codifica a inteligência inerente à vida. A nossa capacidade de entender a evolução do DNA e a nós mesmos – e até de aproveitar essas evoluções como meio para compreender a nós mesmos e uns aos outros – não é menos importante também para a nossa sobrevivência. A linguagem nos capacita a levar conosco nossa essência inerente e assim compreender uns aos outros mais a fundo. A linguagem muda a mente, do mesmo modo que muda a cultura e as nossas crenças mais arraigadas.[6]

Um exemplo de como a mente humana mudou ao longo do tempo está na evolução da escrita. Na linguagem dos tempos mais primitivos, como nos alfabetos fenício e hebraico, a história humana era registrada em uma certa direção e forma. A leitura e a escrita desses alfabetos se faziam da direita para a esquerda. A sintaxe peculiar da linguagem nessa direção revela que ela depende de modo substancial da atividade do cérebro direito para a emergência e propagação de ideias. Como abordei em capítulo anterior, o lado direito do cérebro tende a perceber a realidade de uma maneira mais implícita e orientada para o relacionamento. É mais fácil compreender conceitos como fé e crença quando o lado direito do cérebro está envolvido.[7]

Bem mais tarde na história, a civilização grega alterou a direção da escrita, passando a escrever da esquerda para a direita. Os gregos eram racionalistas. Eles promoviam a lógica e a ciência, que se tornaram as pedras angulares da civilização ocidental. Eles rejeitavam muitos mitos religiosos de civilizações mais antigas, daí surgindo um conflito entre crentes e racionalistas. A evolução da linguagem e seu efeito sobre a consciência humana não foi um mero espectador nesse debate, mas criou de fato a aparente dicotomia entre racionalismo e fé, refletindo os dois modos conflitantes de percepção do cérebro. Atualmente, como consequência da decisão direcional tomada pelos gregos, temos mais dificuldade para compreender a questão da fé e da crença.

Esse conflito dentro de nós mesmos foi exteriorizado muitas vezes. Os perigos da nossa dualidade cerebral inerente agravaram-se a tal ponto que mesmo aqueles que professam uma crença e uma fé firme em Deus (e praticam fielmente suas respectivas religiões) mostram-se profundamente divididos. Essas divisões religiosas se constatam não só em pessoas de uma mesma fé que entram em confronto com seguidores de crenças totalmente diferentes, mas também entre pessoas da mesma fé: divergências doutrinárias causaram hostilidades intermináveis e até derramamento de sangue. Como escreveu o poeta europeu Rilke: "A nossa mente está dividida. E na encruzilhada sombreada/dos caminhos do coração, não há templo para Apolo".[8]

Conforme se reflete no uso da linguagem, a diferença entre ciência e fé é fundamentalmente uma "discordância em torno da existência do significado".[9] É característica tipicamente humana e fardo da evolução do cérebro humano explorar livremente o valor, o propósito e o significado, atos que praticamos mediante o uso e a interpretação da linguagem. Por meio da linguagem geramos representações, ou seja, modelos de realidade que construímos e sobre os quais em geral concordamos. É através desses acordos que podemos cooperar e viver juntos em paz.[10]

Com o uso dessas ferramentas, porém, sempre chegaremos a um limite em nosso entendimento. O cérebro, em seu ímpeto evolucionário para otimizar sua representação do mundo, paradoxalmente sofre pelo menos um efeito menor, mas provavelmente maior, de distanciamento da linguagem quando esta interpreta a experiência. Existe a experiência do amor e existem as palavras que empregamos para descrevê-la. Existe uma diferença entre as imagens e ideias do mundo ao nosso redor e as palavras que escolhemos para organizar esses modelos para nós mesmos e de uns para os outros. As limitações da linguagem incluem de modo significativo a perda do acesso para o mundo além das palavras que os poetas com dignidade e zelo tentaram traduzir. Se não existe uma palavra para definir alguma coisa, então essa coisa não deve existir, concluímos erroneamente. O horrendo sacrifício – o que perdemos – pelo desenvolvimento do recurso conveniente do nosso léxico de expressão, porém, não é nada menos do que um buraco negro entre o "brado bárbaro"[11] da experiência humana e as representações simbólicas da nossa imaginação, mesmo sabendo que elas são "intraduzíveis".

A característica definidora do encontro místico, religioso e portentoso é a sua pura inefabilidade. O que é "adoração" senão a nossa débil tentativa de expressar o que não pode ser expresso? Pelo menos em algumas ocasiões na vida, a maioria das pessoas passou pela experiência da total ausência de palavras para expressar alguma coisa. Estamos à beira do Grand Canyon e vemos vastas expansões de camadas multicoloridas de rocha. Não conseguimos comunicar o nosso espanto. Tudo o que conseguimos fazer é suspirar. Ou, ainda na sala de parto, maravilhamo-nos com o bebê recém-nascido em nossos braços. Somos agradecidos. Estamos perplexos. Mas as palavras não vêm. Só conseguimos chorar. Seguramente estamos em contato com o intangível além. Chegamos aos limites da nossa linguagem e vivenciamos algo além da linguagem. Ao fazer isso, a nossa mente esbarrou em Deus. Por mais limitados que sejam, encontramos os ecos de outro mundo.

O próprio Moisés alegou dificuldades para falar e tentou recusar a missão de transmitir "a Palavra": "Pois tenho a boca pesada, e pesada a língua".[12]

A Perda da Linguagem É um Cérebro Dividido

Uma condição neurológica de perda da linguagem, denominada afasia, demonstra o poder da linguagem e a gravidade da sua supressão. A afasia é bastante comum após episódios de derrame, mas também manifesta-se raramente em crianças. Existe, porém, uma condição incomum conhecida como síndrome de Landau-Kleffner (SLK) – ou, mais precisamente, afasia epiléptica adquirida (AEA) – em que ocorre um ataque imune intenso, dirigido principalmente a regiões do cérebro necessárias para a aquisição, compreensão e utilização da linguagem. A SLK pode extirpar de forma impiedosa as habilidades de linguagem de uma criança em desenvolvimento. Pais (e médicos) muitas vezes confundem e diagnosticam erroneamente essa síndrome como algo presente no espectro do autismo. Exames de ressonância magnética e estudos sobre as ondas cerebrais por meio do eletroencefalograma (EEG) são quase sempre muito proveitosos na realização desse diagnóstico.

Os pesquisadores descreveram a SLK pela primeira vez em 1957. Esse distúrbio se caracteriza pela perda gradual ou às vezes abrupta da linguagem até então normal, devida a um gatilho anômalo de base imune. Ele é tratável – embora nem sempre com eficácia – com drogas imunossupressoras.

Hanna, uma jovem de 19 anos e que morava com os pais, teve esse problema aos 2 anos de idade. Ainda bebê e depois um pouco mais crescida, ela demonstrou um desenvolvimento bastante avançado. Para alegria dos pais, Hanna já era capaz de falar frases complexas em uma etapa bem precoce. Mas logo depois do seu segundo aniversário, começou a ter episódios de febre alta e acessos frequentes de choro irreprimível. Foi praticamente no início dessas crises que Hanna sofreu pela primeira vez uma redução significativa das suas habilidades verbais. Ela se tornou hiperativa além do normal e caminhava com um porte estranho e vacilante. Muitas vezes, sem ser provocada, irrompia em ataques de raiva e crises de choro. Esses sintomas aos poucos abrandavam, mas recorriam depois de algum outro evento desencadeador, durante o qual Hanna voltava periodicamente a perder suas capacidades linguísticas.

Pedi à família que registrasse esses episódios com sua câmera de vídeo (estávamos no início dos anos 1990, antes da popularização dos telefones celulares), e a prova documental que apresentaram revelou uma menina cujo corpo se tornava extremamente rígido, cujos olhos aos poucos se voltavam para cima como se ela estivesse fazendo um teste para conseguir o papel de zumbi em alguma produção de baixo orçamento. Conseguimos obter um registro EEG durante um desses episódios, confirmando que havia atividade elétrica anormal localizada nos centros da fala do cérebro.

Hanna estava vivenciando uma incapacidade de compreender a realidade. Sem o benefício auspicioso da linguagem, não havia padrões, apenas um ruído ameaçador. A desagregação das bases dos centros da linguagem do seu cérebro significava que a realidade em si passava por um processo de desconstrução. De um modo direto e severo, seu cérebro manifestava uma incapacidade de discernir significado, de extrair ordem da doença da entropia.

Minha interação com Hanna ao longo dos anos direcionou-me mais uma vez para o absoluto prodígio e necessidade da linguagem. A história dela mostrou que, quando a linguagem é removida da percepção de realidade de alguém, essa realidade torna-se totalmente diferente – e é então uma realidade muito mais brutal.

Em certo sentido, nós perdemos o apreço pela linguagem. Todos sofremos em algum grau de uma espécie de afasia espiritual. Vivemos um momento peculiar da história, um momento em que podemos ver como as palavras da humanidade podem ser distorcidas, mal interpretadas e simplesmente mal recebidas. Vemos as consequências disso em nosso bem-estar social coletivo. Quando escrevemos e falamos hoje, tendemos a nos comunicar como se fôssemos detetives ou repórteres em um canal de notícias. Só nos interessam os áridos fatos. E em toda parte vemos corolários desse pensamento científico moderno, batalhas extremamente intensas pelo "direito" de postular a verdade. Há pouco dar-e-receber. Nenhum desejo de relaxar e compreender o meio-termo. As pessoas aferram-se tão fortemente aos seus sistemas de crença exclusivos que até mesmo chegam a querer matar outras pessoas e a si mesmas para fazer declarações que de algum modo provem a verdade da sua interpretação da realidade.

O nosso modo de pensar racional, dominado pelo cérebro, tornou-se muito perigoso; são muito trágicas as consequências quando o valor da ideologia triunfa sobre o valor da vida em si. Em vez de compreender o modo como a linguagem e as ideias podem nos unir, estamos usando a ideologia que criamos para nos dividir.

Mas há esperança, sem dúvida. Podemos seguramente recuperar o senso de imensa responsabilidade que temos com nossa linguagem e usar esse poder de forma altruísta: para curar, não para ferir; para unir, não para dividir. A resposta pode estar em um lugar improvável, no que eu chamo de "evolução sagrada" da nossa linguagem, na nossa história que se desenrola na Mente de Deus.

Nossas Conversações com Deus

Por meio da linguagem, manejamos as alavancas da criação. Por sermos capazes de decodificar o simbólico, tomamos consciência das ferramentas fundamentais da criação – uma janela para as tramas do mundo e para a Mente de Deus. Temos a liberdade de usar essa dádiva de modo responsável ou podemos ignorar a força potencial das palavras para alterar nossa existência. Todas as tecnologias emergentes de edição de genes estão revelando o poder da atribuição de base linguística – de que todos os níveis de realidade são construídos sobre algum tipo de base simbólica. Tanto no âmbito biológico como no âmbito espiritual da nossa existência, as letras podem transformar, alterar e mudar o destino da vida como nenhuma outra ferramenta.

Assim, nossa lição é esta: a bênção dessa ferramenta da linguagem vem acompanhada de enorme responsabilidade.

A linguagem nos dá compreensão; nos dá a chave para alterar nossa existência e para fazer escolhas sobre a existência de outros. Temos um grau muito maior de responsabilidade devido à nossa consciência como tal. Há esperança. Certamente a linguagem pode nos dividir enquanto seres humanos. Mas ela também pode nos aproximar.

John Milton expressou essa responsabilidade em *Paraíso Perdido*:

Imediatos são os atos de Deus, mais rápidos
Que o tempo ou o movimento, mas para ouvidos humanos
Não podem ser ditos sem o recurso da linguagem,
Ditos de modo que o entendimento terreno possa receber.[13]

Com efeito, a capacidade de criar e reinterpretar a nossa linguagem é também a capacidade de redescobrir nossa natureza divina. Milton nos lembra:

A mente é seu próprio lugar, e em si mesma
Pode transformar o Inferno em Céu, e o Céu em Inferno.[14]

O poema de Milton alude à enorme potencialidade da linguagem humana. Refere-se à nossa capacidade de cocriar nossa realidade através da linguagem. Pela evolução da linguagem e a amplitude expansiva da fala, podemos evoluir para algo mais elevado do que meramente nossos processos biológicos. Podemos descobrir nossa alma divina imaterial e transcendente. Como cocriadores da nossa vida, podemos escrever a nossa história de uma forma que se reflita altruisticamente em outros.

Os neurocientistas se referem à capacidade de construirmos nossa própria narrativa pessoal como conhecimento autonoético, a capacidade do cérebro de criar suas próprias histórias. Por meio da linguagem criamos o significado da nossa existência, mas ela também oferece a oportunidade de entrar em comunhão, de conhecer o "outro" profundamente. Podemos ler o termo bíblico *conhecer* no sentido de união especial, um laço construído sobre o diálogo e a compreensão mútua. A sucessão dos nossos dias pode ser concebida como um diálogo entre Deus e sua criação. Todos nos deparamos com conflitos ao longo do caminho. De fato, toda história interessante, seja ficcional ou jornalística, requer conflito no seu enredo. Não podemos realmente encontrar sentido ou verdade sem a presença de barreiras, desafios e desafiadores, e diversos outros antagonistas. Como Martin Buber escreveu: "O mundo é dado aos seres humanos que o percebem, e a vida do homem é ela mesma um dar e receber".[15] Essas histórias nos são transmitidas e nós as transmitimos por meio do uso da linguagem. Somos chamados através da linguagem e respondemos pelo mesmo veículo. Buber continua: "Assim, toda a história do mundo – a história verdadeira e oculta do mundo – é um diálogo entre Deus e sua criatura".[16] E é através desse diálogo que podemos descobrir que o amor é a linguagem de Deus.

5

Qual É o Sentido da Vida?

"Deus é a pergunta que encontra resposta na nossa vida."

— RABINO JONATHAN SACKS[1]

"Pensando bem, o homem não deve indagar-se sobre o sentido da sua vida; antes, deve tomar consciência de que *ele* é o indagado."

— VIKTOR FRANKL[2]

Na clássica série de ficção científica de Douglas Adams, *O Guia do Mochileiro das Galáxias*, um enorme supercomputador chamado Deep Thought é programado para calcular a resposta para "a pergunta fundamental da vida, do Universo e de tudo o mais". Sete milhões e meio de anos mais tarde, depois de finalmente ruminar a questão durante tempo suficiente, o computador regurgita a resposta:

"Quarenta e dois."

É uma resposta absurda, naturalmente, embora os fãs da obra de Adams tenham procurado por décadas encontrar sentidos mais profundos nela. O próprio Adams declarou: "Foi uma brincadeira. [A resposta] tinha de ser um número, ordinário e pequeno, e escolhi esse. Eu sentei à mesa de trabalho, fiquei olhando para o jardim e pensei: 'quarenta e dois serve'. Datilografei o número. Fim da história".[3]

Falando sério, agora: em um momento ou outro na vida, todo ser humano se interroga sobre a própria existência. Sentido. Propósito. Queremos saber se existe alguma razão maior que justifique o fato de termos nascido. Somos meros produtos da biologia? A vida contém algum significado mais elevado além dos impulsos à reprodução e à sobrevivência? Será o propósito apenas uma criação da imaginação – algo que fantasiamos? Ou a vida tem gravada em si a marca de algo maior, uma missão além de nós mesmos, alguma coisa que oriente para Deus?

Essa pergunta básica suscita outra. Encontramos propósito não só na esfera pessoal, mas também nos domínios da cosmologia, da física, da química e da biologia. Dado que a vida como um todo envolve um equilíbrio entre criação e destruição, ordem e caos,[4] padrões e pura casualidade, fazemos ainda esta pergunta: "O que significa *propósito*?" Propósito implica direção e intenção, até mesmo uma intenção destrutiva. Por isso precisamos ser muito cautelosos ao abordar essa questão do propósito. Precisamos ver como ele pode moldar nosso destino biológico e também nosso destino espiritual.

Nosso cérebro precisa de propósito, e mais, não consegue sobreviver sem ele.

Para entender o propósito é preciso observar sua força oposta na natureza. Na ciência, *caos* refere-se ao que é imprevisível e errático. Na física – o estudo do movimento –, o caos é visto como a segunda lei da natureza, e o conceito de *entropia* (um processo irreversível ou destrutivo) refere-se ao grau de desorganização entre os componentes de um sistema (graças ao caos e à entropia, você não consegue reverter um ovo mexido ao seu estado original). Na biologia, *caos* implica uma interrupção de relações em um agregado em que os elementos são em geral interdependentes. Quando um determinado órgão ou sistema se torna caótico, seu comportamento passa a ser aleatório e desordenado. Por exemplo, no câncer, o caos biológico leva a um crescimento descontrolado das células e à metástase e, em casos de cardiopatia, o risco é de morte súbita. No cérebro, condições graves como epilepsia e esquizofrenia são associadas ao caos e adequadamente chamadas de "desordens". Uma patologia grave surge quando as populações de células se desagregam e deixam de receber ou de influenciar outras células para coordenar sua respectiva atividade. O caos biológico no cérebro pode ser episódico ou crônico e até representar um potencial risco de vida. Temos também o caos psicológico, que se manifesta nas relações individuais e globais; além disso, existem sociedades que pendem para a desordem.

A indagação acerca do sentido da vida é absolutamente "humana", e podemos tentar compreender esse sentido examinando sua relação com a dinâmica da ordem e da desordem. As tradições religiosas e filosóficas estão envolvidas até a medula nessa investigação; tanto na teologia grega como na hebraica, *caos* implica brecha, abismo – o que é anômalo, instável e incerto. Em todas as dimensões da vida humana, o objetivo é transformar esse estado, recuperar a estabilidade, afastar-se desse elemento constituinte da experiência.

Indagamos sobre o sentido – a busca de evidências de uma ordem – envolvendo-nos com a nossa mente, o que é feito por meio do pensamento, da linguagem, da oração, do estudo, da leitura e de conversas com outras pessoas. Como veremos neste capítulo, começamos a encontrar propósito por intermédio de atos que induzem ordem na nossa vida, por meio de relacionamentos baseados no amor e na compaixão. Quanto mais estreito o vínculo de uns com os outros, mais propósito encontramos.

A neurociência está totalmente preparada para nos informar sobre o propósito. Nosso cérebro está especificamente projetado para criá-lo. A vida depende do contrapeso da entropia com o propósito e a ordem. Os conceitos que estamos descrevendo não são apenas metafóricos; cada célula do nosso corpo também tem um propósito. Esse propósito consiste em encontrar equilíbrio – manter a ordem em meio a desafios opostos que de outro modo significarão capitulação à doença. Nesse sentido, passei por uma experiência pessoal quando me pediram para ver uma criança adotada que manifestava comportamentos estranhos e muito perigosos. Nunca em minha prática clínica me deparei com um exemplo mais perfeito das consequências psicológicas do caos do que quando conheci Dorin – uma amostra de como um trauma emocional severo e a negligência acarretam tanto efeitos comportamentais indeléveis quanto sequelas biológicas.

O Canal do Medo e da Dor

Nos dias sombrios após a Revolução Romena de 1989, Dorin morava em um orfanato provisório onde amontoavam-se outros quinhentos órfãos maltrapilhos. O local operava de modo sofrível e com um corpo escasso de funcionários. Quando o novo pai adotivo de Dorin, Andy, foi buscá-lo, ficou horrorizado primeiro com o mau cheiro do lugar. Por toda parte, crianças pequenas choravam, totalmente descuidadas. Algumas usavam fraldas sujas – e pareciam estar nessa condição havia já algum tempo. Várias outras apenas permaneciam imóveis, apaticamente paralisadas, como bonecas.

Mas Andy e sua mulher, Janine, haviam se comprometido em definitivo com Dorin desde o momento em que haviam visto uma foto desbotada do seu rosto pálido e olhos encovados. No orfanato, para sua surpresa, Andy preencheu pouca papelada, e no dia seguinte cruzava o oceano de volta com Dorin, de quatro anos e meio de idade. No avião, o menino não disse uma palavra sequer e também não dormiu, a não ser por breves e agitados momentos.

Dorin não correspondeu ao sorriso largo de Janine, que os esperava no aeroporto. Ele nem mesmo olhou para os balões que ela levou em sinal de boas-vindas (felizmente, os familiares haviam combinado não levar os novos avós ou a irmã de Dorin para não cansá-lo ainda mais). Janine criticou Andy por ter deixado Dorin um tanto sujo. Mas mais constrangedor do que a sujeira no rosto e no corpo de Dorin era o seu tamanho. De pé, macilento e desajeitado no setor de desembarque fora da imigração, ele parecia mais um menino de 3 anos, e não de quase 5. Janine só conseguia se lembrar daqueles velhos filmes de sobreviventes do Holocausto, mas espantou essa imagem da cabeça.

Assim que chegaram em casa, Andy e Janine tentaram alimentar o menino, que não quis comer. Levaram-no então para cima, para um banho. Foi quando perceberam que as atendentes haviam forçado os pés de Dorin em sapatos bem menores que o seu número. Mais perturbador ainda, notaram marcas de mordidas espalhadas pelos braços. Seriam mordidas que ele mesmo se dera ou eram de outras crianças?

No dia seguinte, a nova irmã de Dorin, Emily, de 8 anos, voltou do pernoite com os avós. Com risadinhas agudas, tentou abraçar o seu novo irmão, mas ele reagiu emitindo um grito assustador – o primeiro som que produziu –, arranhando o rosto dela e mordendo-lhe o ombro.

"Meu Deus", disse Janine à sua irmã ao telefone. "Em que nos metemos?"

Não obstante, a ideia de desistir nem sequer passou pela cabeça de Janine ou de Andy. Durante meses as coisas continuaram com períodos alternados de manifestações violentas e condutas imprevisíveis. Dorin adaptou-se um pouco ao novo ambiente, mas continuou fisicamente impulsivo – às vezes a ponto de se tornar perigoso. Depois de dias ou semanas calado, ele podia explodir por uma ninharia, como uma pequena porção de casca deixada na maçã, por exemplo. Ele furava as paredes e corria acelerado de encontro aos móveis; espalhava fezes no espelho do banheiro; à mesa, para pontuar um momento de sossego na conversa, jogava facas contra os pais e a irmã. Ele tinha crises frequentes de terror noturno e às vezes gritava por horas apesar dos esforços de Janine para acalmá-lo recorrendo a todos os meios possíveis.

Aos poucos, Dorin foi aprendendo algumas palavras de inglês com os pais adotivos e a irmã. Teria ele dito alguma vez uma única palavra na sua língua materna? Teria alguém falado com ele? Para Janine, era como se eles tivessem encontrado uma criança selvagem surgida de uma floresta primitiva. Quando conseguiam finalmente se comunicar com Dorin, ele já não se lembrava das perturbações noturnas quando lhe perguntavam sobre isso pela manhã. Do mesmo modo, não conseguia se lembrar de suas violentas explosões nos momentos de vigília, mesmo pouco tempo depois de ocorridas. Meses se passaram assim, com um misterioso aumento e redução de comportamento anormal que se tornara cíclico e de algum modo previsível.

Certa noite, com apenas 7 anos, Dorin tentou pôr fogo na casa com o acendedor elétrico. Por algum milagre, Andy o deteve durante o ato. "Um dia ele ainda vai matar vocês todos", disse a irmã de Janine. E eles temiam que ela pudesse estar certa. Eles sabiam da existência de sociopatas e psicopatas clínicos. Teriam eles adotado um indivíduo desses sem ter a menor noção? Janine estava convencida de que isso era impossível. Ela sempre acreditara que uma boa criação podia superar a natureza; muita paixão podia mover qualquer montanha; muito amor podia derreter qualquer iceberg. Diversos profissionais afirmavam que os episódios de Dorin eram sintomáticos de uma forma severa do que se chama de distúrbio de carência afetiva. Então um novo psiquiatra pediu uma avaliação neurológica para excluir causas físicas, como epilepsia, por exemplo – e foi aí que eu entrei. O caso de Dorin era um dos mais estranhos que eu já havia atendido. Pensei em como seu comportamento resultava de uma forma distorcida de sobrevivência do mais apto, um reflexo de como seu cérebro se adaptara à brutalidade das suas experiências infantis mais precoces.

Tem-se recorrido à teoria evolucionista darwiniana para explicar não apenas a evolução, mas também, mais recentemente, o desenvolvimento e a plasticidade do cérebro. O laureado do Prêmio Nobel Gerald Edelman publicou um livro referencial intitulado *Neural Darwinism: The Theory of Neuronal Group Selection,* que advoga a ideia de que adaptações complexas em nosso cérebro surgem através de um processo semelhante ao da seleção natural.[5] Esses circuitos e padrões de atividade no cérebro podem se replicar de modo similar ao princípio da sobrevivência do mais apto. A experiência modela nosso cérebro fixando nele mensagens tanto de apoio quanto to de desafio à vida. Em termos científicos, alterações na conectividade entre sinapses levam a mudanças no cérebro de modo semelhante ao da influência da evolução sobre os organismos. O cérebro humano trabalha melhor quando está conectado. Em termos simples, à medida que se desenvolve, o cérebro seleciona somente o melhor ou então se livra do pior. Em geral relacionamos adaptabilidade a forças positivas. Por exemplo, uma criança que sofre um derrame na infância pode adaptar-se rapidamente e compensar a lesão usando outros circuitos cerebrais, de modo que áreas incólumes do cérebro assumem o papel das prejudicadas. Como resultado, nenhum efeito residual do derrame é clinicamente visível. Com efeito, a função precípua da plasticidade do cérebro é tornar-se benéfica em termos comportamentais. Os circuitos neurais são criados e reconstituídos para oferecer respostas que favoreçam a sobrevivência.

Mas o cérebro também pode ser afetado de forma negativa. Podemos imaginá-lo como um músculo que precisa ser fortalecido para exercer sua tarefa principal, a de interagir com outros cérebros. Desde o primeiro dia, se não o usar, você o perde. Durante décadas, aprendemos a "enriquecer" a vida dos animais que confinamos em zoológicos para impedir que seus cérebros definhem. Sem o estímulo da convivência com seus semelhantes, os animais (e outros organismos) confinados, além de se estressarem severamente, podem se retrair ou se tornar violentos (entre outras reações anormais, antissociais e improdutivas). Ou ambas as coisas. E acabam morrendo.

Seria o comportamento peculiar de Dorin uma resposta decorrente do princípio da sobrevivência do mais apto, mas da pior forma possível? Prosseguimos com um estudo por ressonância magnética do cérebro, que revelou formação irregular da mielina cerebral. O cérebro depende da mielina para transmitir efetivamente mensagens de uma região para outra. Quando a mielina, a matéria branca no cérebro, desenvolveu-se evolutivamente nos mamíferos, produziu um salto quântico na função das nossas capacidades cognitiva e emocional, assegurando um alto grau de conectividade entre várias regiões cerebrais. No desenvolvimento humano, ambientes enriquecidos e afetuosos aumentam a capacidade do cérebro de se desenvolver de forma positiva, em grande parte devido à formação mais consistente da mielina. Com efeito, tudo gira em torno da conectividade.

Alguns pesquisadores levantaram a hipótese de que a negligência ou o abuso severo na infância pode reduzir o nível de mielina do cérebro.[6] Sem conexões emocionais, as físicas também desaparecem. Um estudo da Universidade Harvard sugeriu que a negligência infantil (abandono e também abuso sexual) resulta em mudanças observáveis no desenvolvimento da mielina. Então, o que havia acontecido com a mielina de Dorin? O que havia alterado o seu cérebro? A resposta começou no superlotado orfanato, o ambiente mais insalubre para um cérebro em sua etapa mais vulnerável de desenvolvimento. Para mim, com toda convicção, o que Janine chamava de "cérebro estranho" de Dorin tinha suas raízes no orfanato desumano em que ele passara seus anos de formação. A pura e simples intensidade do estado emocional qualitativo se instalara em seu sistema nervoso, uma rede de atividade sináptica operando como um canal de rádio ou TV de medo e dor 24 horas por dia, sete dias por semana. Infelizmente, não temos uma função ou botão para reiniciar o sistema. Não podemos limpar o disco rígido e deletar essas memórias traumáticas da primeira infância.

Meus colegas e eu prescrevemos e ajudamos a formular um programa de reabilitação para Dorin que incluía psicoterapia tradicional, terapia lúdica, terapia do movimento e uma combinação de apoio nutricional e médico. Nossa esperança era que Dorin pudesse literalmente "pensar" em uma maneira de curar seu cérebro. O tempo passou, e a terapia intensiva avançou com resultados positivos, ou seja, uma redução mensurável da frequência e da intensidade dos comportamentos perigosos e antissociais de Dorin. Mesmo hoje, porém, vários anos depois, todos os procedimentos terapêuticos adotados não o "curaram" por completo. E infelizmente não sabemos se as mudanças estruturais e funcionais ocorridas no pequeno cérebro do menino poderão um dia ser totalmente revertidas.

Não é difícil (mas é tragicamente assustador) imaginar que talvez milhões de crianças tenham passado por experiências horrendas tão traumáticas quanto as de Dorin. No mundo inteiro crianças são negligenciadas, vivem subnutridas e estão expostas a violências e hostilidades tão abomináveis que é quase impossível imaginar. Se pudéssemos esquadrinhar o cérebro em formação dessas crianças como fizemos com o cérebro de Dorin, provavelmente encontraríamos evidências de que tais experiências psicológicas traumáticas literalmente modelaram e remodelaram o cérebro em desenvolvimento desses pequenos.

A Biologia da Crença

Como já analisamos, conceitos relacionados à ordem e ao propósito, ou, inversamente, ao caos e à falta de sentido, não são apenas metafóricos. A genialidade de Freud está consubstanciada no fato de que ele compreendeu implicitamente que as nossas metáforas, e até mesmo as nossas crenças, têm raízes biológicas. Ele postulou a existência de uma relação entre impulsos biológicos e formas extremas de comportamento anormal, como o que testemunhamos no caso de Dorin. Como extensão do seu conceito de libido, mais conhecido, Freud formulou o que chamou de "instinto de morte" (também citado como "pulsão de morte"), uma força interna que impele à autodestruição, às vezes denominada *Tânatos*.[7] Freud chegou a essas conclusões a partir de um filósofo da Antiguidade, Empédocles, para quem os eventos na vida do universo e na vida espiritual eram governados por dois princípios contrários, dualistas, do amor e do ódio (este último também citado como luta/discórdia). Essas forças eram elementos do universo como um todo, e assim exerciam suas influências também sobre cada ser humano.

Embora seja difícil entender como o nosso cérebro poderia incluir um instinto de morte, a validação científica dessa teoria premiou os pesquisadores Sydney Brenner, H. Robert Horvitz e John E. Sulston com o Nobel de Medicina[8] de 2002 pela descoberta de um código genético embutido de morte celular programada, conhecida como apoptose. Trata-se de um programa de morte celular inerente a cada célula do nosso corpo, inclusive as do cérebro. Desde o princípio da vida, os elementos desintegradores desse instinto de morte são paradoxal e imanentemente ativos. Em termos biológicos, o DNA contém em si as mensagens essenciais de tendências autodestrutivas pré-programadas.

No entanto, a apoptose (ou morte celular) não é algo totalmente ruim. Às vezes o "suicídio" de células específicas é benéfico. Por exemplo, no útero, os artelhos, no início de sua formação, estão grudados. Se determinadas células não morressem e desaparecessem, todos nasceríamos com pés palmados.[9] No melhor cenário, a apoptose participa do processo de desenvolvimento do cérebro e do corpo e coincide com a instauração de conexões sinápticas e vidas saudáveis. No cérebro em desenvolvimento, por exemplo, existe um delicado equilíbrio entre essas vias rigorosamente reguladas de morte celular suicida e sinais de sobrevivência celular. A apoptose modela o cérebro refinando e esculpindo as sinapses em desenvolvimento. No pior cenário, a apoptose pode ser muito prejudicial. Alguns estudiosos chegaram inclusive a conjeturar que o autismo é causado por apoptose excessiva e, em algumas doenças, como Alzheimer e Parkinson, estudos mostram um excesso de encadeamentos com apoptose acontecendo no corpo.

Mesmo no campo da psiquiatria, a aflição emocional severa e o desalento podem desencadear vias de morte cerebral latentes. Feridas psicológicas podem deixar uma forma de tecido de cicatriz cerebral – uma marca biológica concreta que pode ser quantificada nos neurônios. Em um estudo recente, pesquisadores examinaram detidamente o cérebro de pacientes falecidos que haviam sofrido de depressão resistente a tratamentos, e conseguiram medir o grau de apoptose em populações de células cerebrais. Eles descobriram uma clara relação entre mensagens de morte biológica e a presença de distúrbio emocional severo.[10] As células escolhidas para morrer são as que fracassaram em estabelecer conexões significativas; o isolamento dessas células, uma forma de relacionamento malogrado, faz com que percam seu propósito. É como se o cérebro concluísse que a vida não vale a pena ser vivida: em última análise, essas mensagens prejudiciais se comunicam com o mecanismo genético e biológico em tandem, resultando em um desligamento em vias vitais.

Vida com Sentido

A vida pode ser muito perigosa quando não tem sentido. A ansiedade humana resulta do medo de separação, quando nosso cérebro se divorcia do propósito e se deixa invadir pelo niilismo. Mesmo em termos físicos, existe dentro de nós um instinto de morte desencadeado pelo desespero, uma forma de morte lenta que começa a se manifestar quando chegamos à conclusão de que a vida não tem absolutamente sentido algum. A neurociência confirma que o cérebro humano busca um propósito através de relacionamentos. O propósito está codificado até nos menores componentes subatômicos do nosso ser. Repito meu ponto de vista: o *propósito* não é algo que nós humanos fantasiamos – ele está codificado no nosso DNA!

Assim, a grande e última pergunta que se coloca tem relação com a aplicação desse conhecimento: Considerando que a vida tem um propósito, o que fazemos com esse propósito? Ou, se você preferir: Como podemos até mesmo promover nossa evolução? As evidências confirmam que as nossas experiências, de modo particular as que envolvem relacionamentos que criam vínculos, plasmam o nosso cérebro. Este, por sua vez, plasma as nossas experiências. A influência das nossas crenças é literalmente uma questão de vida ou morte. De modo que, portanto, devemos salvaguardar cuidadosamente nossas relações.

Memoravelmente, Gandhi assim se exprimiu:

Suas crenças se tornam seus pensamentos,

Seus pensamentos se tornam suas palavras,

Suas palavras se tornam suas ações,

Suas ações se tornam seus hábitos,

Seus hábitos se tornam seus valores,

Seus valores se tornam seu destino.[11]

As palavras de Gandhi serão uma grande inspiração se as acolhermos com atitude positiva. Se acreditarmos que podemos influenciar o mundo de modo construtivo, começaremos a conversar sobre como podemos fazer isso, a viver segundo as melhores práticas, a transformar em hábito uma vida imbuída de propósito e, por fim, a moldar o curso da nossa vida de formas benéficas.

As palavras de Gandhi são reforçadas pela neurociência, hoje capaz de demonstrar que a atividade celular cerebral exerce um efeito direto sobre os nossos estados cognitivo e emocional. Biologia é fato: uma pessoa se torna o que ela pensa. Se uma pessoa alimenta continuamente pensamentos perniciosos, se permite que seja invadida por sentimentos de raiva incontidos e prolongados, pelo isolamento ou por qualquer atitude de separação, ela pode literalmente desencadear apoptose nociva e destruir suas células cerebrais. Inversamente, quanto mais uma pessoa expõe seu cérebro a conteúdos positivos, mais positivamente ela irá agir. Podemos prejudicar o cérebro e podemos beneficiar o cérebro. Empatia, relacionamentos, altruísmo, compaixão, uma existência sincera – tudo isso promove a regeneração do cérebro.

O Coração – Caminho para se Chegar à Mente de Deus

A neurociência confirma que nossos estados de sentimento são um portal de percepção equivalente (e em alguns casos até superior) à função exercida pela visão em nossa experiência da realidade. Esses estados estão inextricavelmente ligados aos modelos mentais que construímos do mundo, ao modo como vemos a nós mesmos e como percebemos e julgamos nossos semelhantes. Tanto em questões de consciência como de fé, a primazia da emoção decorre do fato de que quase todos os nossos relacionamentos são baseados nela.

Os exemplos da relação entre os estados emocionais e a função do cérebro são incontáveis, a ponto de justificar o surgimento de uma nova área de estudos, a neurocardiologia, dedicada exclusivamente à análise da relação entre o cérebro e o coração. Comprovou-se por exemplo que emoções negativas como hostilidade e estresse podem acarretar cardiopatias e até morte súbita cardíaca (MSC).[12] A variação da frequência cardíaca normal resulta da junção coordenada de "osciladores", grupos específicos de células que regulam o equilíbrio entre caos e ordem no coração. Quando esse grupo cuidadosamente calibrado de células sofre algum abalo de maior intensidade, o equilíbrio normal entre as forças opostas transforma-se em um turbilhão de violência potencialmente fatal.

Na época em que eu atuava como residente em neurologia, uma jovem mulher sofreu um derrame tão severo e extenso que o inchaço no cérebro a levou ao estado de coma. Derrames são muito raros em pessoas jovens, e nesse caso específico a causa era um mistério que precisávamos desvendar.

Uma bateria de exames revelou que essa jovem tinha uma lesão cardíaca extensa decorrente de uma doença pouco compreendida, chamada cardiopatia de Takotsubo, mas em geral conhecida como síndrome do coração partido.[13] O denominador comum dessa disfunção é muitas vezes um pico elevado de hormônios do tipo adrenalina depois de um trauma emocional ou estresse severo. Multiplicam-se na literatura médica os casos clínicos relacionados com a síndrome do coração partido em vítimas de assaltos à mão armada ou da perda súbita de uma pessoa amada, por exemplo.

Não tínhamos condições neste caso de saber o que havia acontecido. A nossa paciente de coração partido já estava ligada a um respirador quando foi transferida para o serviço de neurologia, expondo uma tatuagem no braço que dizia "o amor machuca". Sempre que eu me aproximava dela e lia essa frase, lembrava-me das palavras de Pascal: "O coração tem razões que a própria razão desconhece".[14]

Todas as manhãs eu ia ao seu quarto e coletava sangue. Era difícil encontrar uma veia, pois ela estava com sobrepeso. Eu seguia essa rotina todos os dias: examinava o seu estado neurológico, sempre estável; ajustava as regulagens do respirador e do tubo de alimentação e realizava a profilaxia necessária para prevenir possíveis ocorrências de coagulação. Eu não fazia ideia se ela tinha ou não consciência do seu entorno. Ela não esboçava nenhuma reação aos testes que realizávamos, a não ser a de recolher-se quando estimulávamos o lado não afetado. O prognóstico era desalentador.

Então, certa manhã, entrei no quarto e cumpri o ritual de sempre. Pedi desculpas por coletar seu sangue, disse-lhe que acreditava que ela estava melhorando, mencionei que sua mãe viera fazer-lhe uma visita e me preparei para atender o paciente seguinte. Mas dessa vez percebi que ela estava acordada, ou pelo menos seus olhos estavam abertos. Eu sabia que ela estava consciente. Seus olhos me seguiram e ela reagiu a um comando simples. Sinalizou que queria escrever alguma coisa, e eu imediatamente coloquei em suas mãos a minha prancheta e uma caneta.

Foi um exercício angustiante de comunicação enquanto ela rabiscava letra por letra.

Eu... quero...

Ela deve estar precisando de alguma coisa. Será que sente dor? Preciso explicar por que ela está no hospital?

levar você...

Me levar? O que será que ela está pensando?

ao Red Lobster.

Ela apontou para mim, e voltou a encolher-se, para garantir que o seu pedido estava perfeitamente claro. O quê? Red Lobster? Você quer me levar ao Red Lobster?

Para ter certeza de que tinha dito o que queria, ela apontou para si mesma e em seguida para mim a fim de deixar sua intenção bem clara.

Essa era a sua maneira de dizer que me agradecia pelo atendimento que eu lhe prestava.

Depois de alguns dias, tivemos condições de remover o respirador. Em termos médicos, eu não havia feito nenhum ato heroico por ela, mas ela teria sua segunda chance de vida. No entanto, quando considerei esse caso em retrospecto, percebi que o que eu havia propiciado a essa paciente, sem ter nenhuma consciência disso, havia sido a conexão de que ela precisava para dar propósito ao seu cérebro na experiência mais isolada que se pode imaginar – um estado de coma.

Eu nunca saberei o que ela processava exatamente em seu cérebro durante aqueles breves momentos em que eu lhe sussurrava trivialidades. O que eu considerara em retrospecto como conversa comum deve tê-la tranquilizado no sentido de que sobreviveria e superaria sua crise médica imediata. O que aprendi, porém, é que a comunicação nunca é uma via de mão única, mesmo quando acreditamos que ninguém nos ouve quando falamos. Na minha profissão, às vezes esquecemos que pacientes em coma são muitas vezes capazes de nos ouvir falando sobre eles, mesmo que sejam incapazes de reagir.

Nunca sabemos muito bem o que se passa na mente de outra pessoa – seus pensamentos, sonhos e temores –, mas nossos relacionamentos são um testemunho de certa compreensão mais profunda, silenciosa, em que compartilhamos nossa experiência do mundo. Essas interações aparentemente unidirecionais sustentaram essa jovem durante as semanas em que de modo geral ela estava "ausente" e se revelaram a melhor medicação que eu podia oferecer-lhe, quer eu tivesse consciência disso ou não na época. Às vezes são os menores gestos que produzem os melhores resultados. Não é o amor que machuca; é o nosso afastamento dele que causa nosso sofrimento.

Não é preciso ser psiquiatra para perceber que estamos vivendo tempos extraordinariamente tensos e incertos. Um sofrimento indizível ocupa cada canto do mundo, uma angústia existencial crescente, e existem muitas boas razões para que percamos a fé. Não estou sugerindo que você e eu sejamos especificamente suicidas potenciais. Mas é incontável o número de pessoas que vivem com nuances de desespero, com graduações de angústia. Devido a essa desesperança diária, vivemos vidas de desespero e escuridão em vez de vidas de confiança, força, empatia e compaixão. Um número incalculável de pessoas caminha a passos lentos para o suicídio. Elas acreditam que não têm propósito, sentido. Beberam o suco que diz que tudo é fortuito – nosso nascimento foi fortuito, nossa vida é fortuita e nossa morte será fortuita.

Essa é uma grande mentira. Vida é ordem, não caos, e a ordem extravasa sentido. Precisamos empregar nossos recursos no enfrentamento da desordem para que nossa vida continue imbuída de sentido. Com sentido na vida, nós humanos vivemos com mais intencionalidade, com mais compaixão.

A vida é uma realidade que repele a ficção da falta de sentido; é uma realidade para a qual somos chamados e à qual podemos responder. Em essência, encontramos sentido através da nossa conectividade e do amor uns pelos outros, aproximando-nos assim de Deus. Somos seres relacionais, e o nosso cérebro encontra seu propósito com o auxílio de uma consciência profunda de que a busca de si mesmo está no vínculo do eu com o outro. Isso inclui conhecer um ao outro como seres humanos e também conhecer um Deus de empatia e compaixão, cujo DNA se reflete na nossa vida. Quando temos consciência de que esse propósito positivo pelo qual tanto ansiamos é de fato um eco da Mente de Deus, podemos viver com mais segurança. Podemos dizer com confiança que o nosso propósito é sermos empáticos com os outros e que podemos encontrar direção e serenidade nesse propósito. É através da essência da nossa conectividade que podemos resistir à força de atração extrema do caos universal que envolve todos nós.

Vemos como propósito e sentido são sinônimos, como eles são os determinantes fundamentais do nosso destino. Ambos sugerem a existência de uma ordem e de uma coerência reconhecíveis na vida – existe uma narrativa superior que agrega os muitos fragmentos e fios da nossa existência biológica e imaterial. Esse conhecimento é vital para a nossa existência e está aqui para que o descubramos. Quando falamos em esperança, fé, lembrança, amor, empatia, comunicação, compaixão, todos esses sentimentos podem se tornar os nutrientes essenciais da nossa alma. Eles são imateriais, mas não menos essenciais do que os medicamentos em que depositamos nossa confiança diária.

O filósofo judeu medieval Maimônides escreveu certa vez que o mundo mantém-se suspenso em equilíbrio.[15] Esse equilíbrio é como um efeito borboleta, em que mesmo uma pequena ação pode formar ondulações que atravessam até as barreiras mais espessas de resistência. Com propósito e através do propósito, podemos realizar mudanças, fazendo o equilíbrio pender para a santidade, para uma existência integrada. Nós, seres humanos, temos escolha. Podemos agir em meio a esses desafios. Podemos infundir ordem e sentido através de relacionamentos deliberados, benevolentes. Temos a capacidade de agir, de lançar os fundamentos do amor em todas as nossas interações, envolvimentos e decisões morais. Esse é o sentido maior da nossa vida; na junção de forças contrárias tanto internas como externas, discernimos e também modelamos o nosso destino. Fomos criados para transformar o mundo material, para trazer ordem a uma existência aparentemente fortuita e caprichosa e para moldar nossa vida impregnando nossas ações com a nossa natureza divina.

Este é o nosso propósito: discernir e criar uma profunda unidade entre nós mesmos e o nosso Criador.

6

Somos Livres?

"O homem pode, é certo, fazer o que quer, mas não pode querer o que quer."

— ARTHUR SCHOPENHAUER[1]

"Somos escravos no mundo exterior, mas homens e mulheres livres em nossa alma e espírito."

— MAHARAL DE PRAGA[2]

Todas as nossas experiências na vida – nossas ações, emoções e motivações – baseiam-se, em parte, na atividade do cérebro. Hipócrates registrou essa constatação em *A Doença Sagrada*: "Os homens devem saber que do cérebro, e só do cérebro, derivam prazer, alegria, riso e divertimento, assim como tristeza, pena, dor e medo".[3]

As bases da neurociência assentam-se sobre o princípio de que o pensamento e o comportamento humanos radicam-se firmemente na função biológica do cérebro e sobre as sólidas observações clínicas das inúmeras lesões cerebrais e dos consequentes sinais e sintomas de doenças neurológicas, como perda da linguagem, paralisia e cegueira. Impõe-se então a pergunta: De tudo o que fazemos, quanto se deve a um ato de vontade?

Essa questão do predeterminismo inclusive tem implicações legais em casos de pena de morte. Por exemplo, em 2015, Cecil Clayton foi executado no Missouri depois de condenado por assassinar um policial. Ocorre que, na década de 1970, Clayton sofrera um traumatismo cerebral grave que obrigara os neurocirurgiões a remover um quinto dos seus lobos frontais. A atividade normal desses lobos é essencial para o exercício do discernimento, para o controle dos impulsos e inclusive para aspectos relacionados ao comportamento moral. Os advogados de defesa apresentaram todos esses argumentos, mas a Suprema Corte dos Estados Unidos rejeitou a ideia de que esse tipo de lesão cerebral pudesse tê-lo induzido a cometer o crime. Exemplos extremos como esse na lei penal nos levam a perguntar: Até que ponto a anatomia do cérebro determina o nosso destino e, por via de consequência, não somos responsáveis por nossas ações?

Um dos casos mais inusitados com que os neurologistas se deparam é uma doença chamada síndrome da mão alheia (ou também mão alienígena ou mão estranha). A mão do paciente com esse distúrbio neurológico parece dotada de vida própria, realizando movimentos de forma autônoma, impossíveis de controlar, sem que a pessoa tenha consciência do que ocorre. Observando esses casos incomuns, tem-se a impressão de que cada metade do cérebro vive sua própria experiência particular – desejo e controle sobre o comportamento da pessoa. Em outras palavras, quem está de fato no controle? Quem realmente decide por nós? Existe um único *eu* ou inúmeros *loci* de controle?

Essas são as perguntas que queremos examinar mais a fundo neste capítulo. Parte do estudo consiste em descobrir o que significa de fato liberdade, e parte implica recuar um passo e examinar se temos de fato aceso à liberdade verdadeira. Trata-se da ancestral polêmica entre livre-arbítrio e predeterminismo.

A nossa vida é determinada? Os deuses – ou a nossa própria biologia – nos dotaram de um padrão imutável, de modo que temos de viver a vida que nos foi predestinada?

Ou existem outras opções à nossa disposição? Existe algo como ações autodirigidas, pelas quais escolhemos e mesmo criamos nossos próprios pensamentos e movimentos da nossa biologia? Podemos viver uma vida em que criamos nosso próprio destino?

Somos livres? Não somos livres?

Ou, correndo o risco de parecer demasiado moderados, somos um pouco de cada coisa?

Precedência da Essência ou da Existência?

Para compreender o conceito geral de predeterminismo em oposição a livre-arbítrio, precisamos nos perguntar: O que surgiu primeiro, a nossa essência ou a nossa existência? Outra palavra para *essência* seria *consciência*, a nossa "esseidade", ou alma. E outro termo possível para *existência* seria *biologia*, ou a nossa presença física.

Examinemos inicialmente a perspectiva do determinismo puro, que afirma a precedência da essência sobre a existência.

Imagine qualquer objeto manufaturado produzido em massa, como uma raquete de tênis. Antes de iniciar o processo de fabricação, os engenheiros definem o propósito a que a raquete servirá. Eles visualizam dois jogadores em uma quadra de tênis que precisam de raquetes para jogar. Daí nasce o propósito. Em seguida, passam a criar as raquetes reais – a "existência" – e para isso constroem um protótipo – uma raquete de tênis original, que serve de modelo ou padrão para todas as raquetes de tênis futuras.

Para desenvolver esse protótipo, os engenheiros pegam madeira, aço ou fibra de vidro e dão ao material escolhido a forma conhecida de uma raquete de tênis. Eles fazem experiências com diferentes tipos de cordas e filamentos, e encordoam a cabeça da raquete. Recobrem o cabo com fita adesiva – e pronto, uma raquete de tênis foi imaginada, desenhada e criada, e está pronta para produção.

Como parte do processo de manufatura do protótipo, os engenheiros também criam um projeto para todas as raquetes de tênis futuras. Quando a empresa fabricante precisa produzir uma grande quantidade de raquetes para venda aos consumidores, ela não desenha um projeto novo para cada raquete, mas simplesmente analisa o projeto original e trabalha com base nele. Uma vez feito o projeto, toda raquete fabricada a partir dele será sempre uma raquete de tênis. O projeto, combinado com a matéria-prima, não resultará em uma espreguiçadeira, banheira ou foguete espacial. O projeto de uma raquete de tênis sempre dará origem a uma raquete de tênis.

Do mesmo modo, se alguma coisa for originalmente projetada para ser uma raquete de tênis, ela será sempre usada para seu propósito pretendido. Por certo, a imaginação de uma pessoa pode sugerir o uso de uma raquete para alguma outra coisa – uma guitarra elétrica, talvez, em um concurso de sincronização labial. Mas será sempre, definitivamente, uma raquete de tênis planejada para ser usada por jogadores de tênis em uma quadra de tênis, nunca uma guitarra elétrica de fato.

A conclusão lógica é que a razão (ou o propósito) da existência de algo deve vir em primeiro lugar – daí decorrendo todo o restante. No caso específico desse estudo, a essência da humanidade consiste no fato de que os seres humanos foram infundidos do propósito de ser seres humanos. Existe um projeto de humanidade codificado no nosso DNA, e todos os humanos são feitos de acordo com esse mesmo projeto básico. Na Mente de Deus, o conceito de ser humano é comparável ao conceito que implica a produção de um objeto de acordo com a ideia que definiu a utilização pretendida desse objeto. Assim, cada indivíduo é uma realização de determinado conceito presente na inteligência divina.

Do outro lado situa-se o puro livre-arbítrio. Com o livre-arbítrio, o humanismo secular e o existencialismo invertem a equação e afirmam que a existência precede a essência. Somos criadores da nossa existência, incluindo a nossa mente e a nossa consciência. Assim, podemos moldar a nós mesmos e ao nosso mundo de toda forma possível. Ninguém projetou os seres humanos – nem um Deus judeu-cristão pessoal nem uma intenção impessoal na esfera da biologia. Aparecemos na Terra por meio da evolução, e a nossa tarefa aqui consiste em moldar a nós mesmos.[4]

De acordo com esse modo de pensar, usando mais uma vez o exemplo da raquete de tênis, para começar não houve qualquer razão para projetar uma raquete de tênis, nem mesmo um conceito de jogo de tênis. Além dos componentes das várias peças das raquetes, também não houve engenheiros. E não houve fábrica, a não ser aquela sugerida pelos próprios componentes das raquetes. As raquetes de tênis são livres para ser raquetes de tênis, mas também podem alterar seu propósito e tornar-se outra coisa, se houver propensão suficiente e tempo para isso. Como nós humanos existimos primeiro, sem uma essência, o único sentido é criarmos um – o nosso único sentido é aquele que criamos para nós mesmos. Assim surgiu a teoria do "macaco nu". Ninguém projetou a humanidade. Ninguém lhe atribuiu um propósito. Nós simplesmente aparecemos aqui, e então precisávamos moldar a nós mesmos.

Mas qual das perspectivas é correta: o predeterminismo ou o livre-arbítrio? Somos galinhas ou somos ovos? E poderemos um dia entender o que surgiu primeiro?

Afirmo que devemos aceitar *ambos*, tanto o predeterminismo quanto o livre-arbítrio. A magia da evolução humana foi que começamos com um modelo; começamos com intenção e predeterminismo. Uma centelha divina criou o homem do pó da terra, e então Deus insuflou uma alma nesse homem. Além de ter propósito, nossa consciência pode criar propósito – e é isso que nos dá o nosso livre-arbítrio. Examinarei mais adiante neste capítulo as origens biológicas do livre-arbítrio como atributo humano fundamental em nosso cérebro.

Existem limites, sem dúvida. Nem tudo é livre-arbítrio e nem tudo é predeterminismo. Ambos são igualmente verdadeiros, e se essa lhe parecer uma afirmação contraditória, você terá razão. Nós somos predeterminados, mas também somos livres. Somos predeterminados quanto à nossa biologia, sobretudo. Mas somos livres no que se refere à nossa consciência, principalmente.

Essas considerações pedem um exame mais detalhado. Não é imperioso ver essa mescla de perspectivas aparentemente opostas como uma contradição. Considere-a como um paradoxo, e paradoxos existem o tempo todo na ciência. A ciência procura entender os mistérios da vida por meio do empirismo e da razão, racionalismo e lógica. Constatamos que as leis da natureza, que à primeira vista parecem absolutamente irrefutáveis, são passíveis de fissuras. Essas fissuras apareceram com descobertas que nada mais são do que princípios ordenadores: a relatividade, a não localidade, o indeterminismo e o princípio de incerteza nos ajudaram a entender o nosso enigmático universo pela via do paradoxo mais do que por afirmações categóricas.[5]

Por exemplo, a luz do Universo é hoje considerada um dos maiores mistérios da natureza. Ela pode ser ao mesmo tempo partícula e onda, duas conformações inteiramente diferentes. Assim, sabendo que a existência de paradoxos não é exclusiva desse estudo, podemos aliviar a tensão. Podemos ver o paradoxo do livre-arbítrio em contraste com a predeterminação mais como um "quebra-cabeça" e menos como uma "contradição".

Teólogos de várias denominações debatem há muito tempo a questão do livre-arbítrio *versus* predeterminação, e para muitos proponentes a resposta está no paradoxo; livre-arbítrio e predeterminismo não divergem entre si. Com essa doutrina híbrida, Deus é definitivamente soberano. Ele governa e reina sobre o Universo e pode fazer o que bem entender. Ele transcende a criação. Esse é o lado predeterminismo da equação. No entanto, a humanidade tem claramente muitas escolhas a fazer, inclusive a da consciência por parte de cada indivíduo de que tudo o que ele faz não só direciona o seu destino, mas afeta a vida de um incalculável número de pessoas. Isso é livre-arbítrio. Deus não criou robôs; ele quer pessoas capazes de escolher entre o certo e o errado e também de amá-Lo ou não sem nenhuma compulsão. Essa visão híbrida acolhe o paradoxo, não o rejeita.

De modo semelhante, no campo científico, tanto o predeterminismo como o livre-arbítrio podem ter relevância, por paradoxal que isso pareça. Evolução significa ser criado à imagem de Deus: a nossa essência é verdadeiramente livre; nós podemos escolher – e escolhemos – como definir e até criar a realidade. A nossa essência não é mais determinística, e nós somos livres para defini-la. Mas dentro da nossa evolução, fomos programados com intenção em mente. Isso não é uma contradição, mas um quebra-cabeça.

A humanidade se tornou livre porque Deus criou a nossa essência enquanto essência. A existência e a essência ocorreram em tandem na evolução; a nossa nudez era a liberdade de fazer o que quiséssemos, de entender que não éramos restringidos por nada externo. Os únicos limites que temos são os que nós mesmos nos impomos. Podemos escolher não acreditar em Deus. Mas se não acreditamos em Deus, também precisamos concordar que não podemos culpá-Lo de nada. Se não tivéssemos livre escolha, se fôssemos autômatos pré-programados, a nossa existência não teria propósito nem sentido.

O lamentável é que com demasiada frequência confundimos o significado de liberdade, acreditando que não existem obrigações do espírito. A palavra hebraica *chârath* pode significar tanto "liberdade" quanto "gravar".[6] A ideia é que a única coisa predeterminada ou fixa sobre a nossa existência é a nossa liberdade. Por nossa condição de seres humanos, temos um atributo de outorga divina codificado em nosso DNA, um atributo que nos propicia um nível de consciência para vivenciar Deus na liberdade plena da mente e do coração humano. Mas junto com essa liberdade vem uma responsabilidade existencial que nos liga ao mundo. Ela não nos deixa livres para fazer o que bem entendemos.

A verdadeira liberdade é a chave de uma porta aparentemente trancada. Todos recebemos essa chave e o convite para abrir a porta. Mas é escolha nossa usar ou não essa chave. Uma vez transposto o limiar, encontramos no outro lado possibilidades em profusão. Quando acolhemos a verdadeira liberdade, somos livres para viver a vida que fomos destinados a viver. Podemos viver uma vida de propósito verdadeiro.

Assim, somos livres. Mas não somos livres para fazer tudo o que queremos.

Somos livres para ajudar efetivamente o mundo.

Essa é a verdadeira liberdade.

Teste do Livre-Arbítrio no Laboratório

Muitos anos atrás, o neurologista Benjamin Libet recebeu um importante prêmio por seu trabalho com o objetivo de provar que nossa consciência é predeterminada, e somente predeterminada.[7] Ele basicamente argumentava que tudo tem uma causa e um efeito, inclusive o nosso cérebro. Se você sente sua mão queimar, por exemplo, é porque você tocou alguma coisa quente, como uma panela em cima do fogão, por exemplo. O calor se transmite por um processo efetuado pelos neurônios do cérebro. Você sente a temperatura quente, e o seu cérebro sente uma reação que tem origem nele mesmo. Assim, a pergunta mais geral de Libet recebeu esta formulação: O nosso senso de vontade tem uma origem predeterminada? No que diz respeito às nossas escolhas, estamos em vantagem ou em desvantagem? Tudo o que fazemos é predeterminado por uma causa possível de ser identificada?

Para crédito de Libet, a hipótese por ele levantada encerrava um raciocínio muito correto – e eu concordo com parte de suas conclusões. De acordo com a lei da causalidade (uma lei compreendida e endossada por mentes como a de Platão e a de Aristóteles em diante), somente um efeito pode resultar de um estado inicial dado. Se agito uma caneta de ponta porosa, não vou produzir um tsunami. Por quê? Porque a caneta é um objeto pequeno; não tem massa e atração gravitacional suficientes para produzir esse tipo de resultado. Somente uma causa adequada pode produzir um tsunami, como o abalo de algo tão maciço como a terra.

Em um mundo determinista assim, baseado em causa e efeito, podemos ver a realidade como sinônimo de previsibilidade. "O que o determinismo professa?", pergunta o filósofo William James. "Ele professa que [...] o futuro não tem possibilidades ambíguas ocultas em seu ventre; a parte que chamamos de presente é compatível com uma totalidade apenas. Qualquer outro complemento futuro além daquele fixado desde a eternidade é impossível".[8] O que significa: se eu quero construir uma casa, devo ser capaz de prever que posso construir uma casa. Só posso prever a construção de uma casa se antes tenho a intenção de construir uma casa. Assim, a intenção deve estar entremeada com a nossa biologia. Graças à lei de causa e efeito, antes de haver um modelo, deve existir um *designer*. Por causa desse modelo, temos de fatorar o predeterminismo na equação geral. Mas existe também livre-arbítrio? É o que Libet procurava refutar.

Em um dos experimentos de Libet, por exemplo, pediu-se às pessoas que pressionassem um botão com um dos dedos. Enquanto faziam isso, Libet monitorava a atividade cerebral dos participantes. Ele mostrou que podemos de fato, através de registros de eletroencefalograma, medir fisiologicamente um impulso antes da ocorrência da ação em si. Nesse caso, primeiro o cérebro disparava; segundo, a pessoa tomava consciência da sua decisão de mover o dedo; terceiro, o dedo então se movia. Havia intervalos de centenas de milissegundos entre cada um dos três estágios. Libet concluiu que o cérebro parece tomar a decisão de mover o dedo antes de termos uma intenção consciente de fazer isso, sugerindo que a decisão consciente "eu escolho mover" é mais um pensamento posterior do que a força causal determinante com uma tarefa motora simples. Isso implica que não estamos no controle do nosso livre-arbítrio porque, para começar, não o temos. Antes que nossas ações ocorram, há um sinal inconsciente que precede cada ação. O cérebro de uma pessoa toma certas decisões antes que ela tenha consciência de ter tomado a decisão.

O próprio Malcolm Gladwell* comentou a esse respeito: "[As pesquisas sugerem] que aquilo que julgamos ser livre-arbítrio é em grande parte uma ilusão: na maioria das vezes, estamos simplesmente operando no piloto automático, e o

---

* Jornalista britânico radicado nos Estados Unidos, autor de livros de grande vendagem e afamado palestrante. Aborda temas nas áreas da sociologia, da psicologia e da psicologia social. (N. do E.)

modo como pensamos e agimos – e o *quão bem* pensamos e agimos sob o calor do momento – é muito mais suscetível a influências externas do que imaginamos".[9]

Mas havia também problemas com as conclusões de Libet, e elas têm sido muito debatidas nos últimos trinta anos. Novas descobertas mostram que ele cronometrou os intervalos de maneira errada, por exemplo.[10] Outros estudos mostram que toda sua conclusão era viciada. Por exemplo, dr. Angus Menuge, professor de filosofia na Universidade Concordia, Wisconsin, escreve: "Se você examinar os experimentos de Libet com atenção, havia uma decisão consciente anterior tomada pelo sujeito instruído, depois um potencial de prontidão, em seguida a consciência desse potencial de prontidão e, por fim, um movimento. De modo que ainda se pode dizer que uma decisão consciente distal foi a causa do movimento, mesmo que a causa proximal seja o potencial de prontidão".[11] Em outras palavras, a vontade de mover precede tanto a decisão de agir quanto o ato de mover em si.

E o dr. Massimo Pigliucci, professor de filosofia na Faculdade CUNY-City de Nova York, escreve: "Os experimentos de Libet demonstram que tomamos decisões inconscientes antes de termos consciência de que as tomamos. Duvido que alguém que tenha aparado um objeto em queda antes de perceber o que estava fazendo se surpreendesse, e duvido que alguém levaria a sério esse tipo de experiência como prova de que a consciência não entra na tomada de decisão deliberativa".[12]

Os resultados de Libet foram reproduzidos e aprimorados em inúmeros estudos, inclusive em um experimento publicado em 2011 por Itzhak Fried, professor de neurocirurgia e psiquiatria na Escola de Medicina David Geffen, na UCLA.[13] Fried substituiu os registros de EEG de Libet por eletrodos que monitoravam neurônios individuais e descobriu que o potencial de prontidão não é apenas um sinal preparatório não específico, como alguns sustentavam, mas sim atividade cerebral que prevê tanto se uma pessoa irá mover a mão quanto qual mão irá usar, antes que ela tome essas decisões conscientes. De novo, isso parece fortalecer o nosso senso subjetivo de livre-arbítrio em que a nossa experiência nos diz que a decisão consciente de mover é o que coloca essa decisão em ação. Na realidade, as coisas já são postas em movimento muito antes da ocorrência de qualquer percepção consciente dessa decisão.

Existe livre-arbítrio – nossa essência indivisível e divina, a força essencial da vida. E existe predeterminismo – a existência manifesta de causa e efeito. Essa não é uma contradição, mas um mistério e um paradoxo.

A Singularidade da Consciência

Como já mencionei, sou um neurologista que "acredita na crença", e me dou conta de que essa afirmação necessita de algumas explicações à medida que avançamos. É um fato empírico que toda a nossa existência se baseia em algum nível de crença. Todo o sistema operador do nosso cérebro – todas as nossas percepções, sensações, pensamentos e emoções – são conteúdos de crença. Somos, sem dúvida, "preparados psicologicamente" para a religião. Essa crença na mente (na dualidade) é rejeitada por alguns pensadores como um subproduto irreal do nosso cérebro em vez de um atributo essencial.

Explicando um pouco mais – o teísta clássico acredita em um ser transcendente, um ser envolvido ativamente no funcionamento interno da criação. A crença no propósito e na capacidade de intervenção é o argumento central do teísta. Os teístas fundamentam sua crença no entendimento implícito de que somos dotados de uma predisposição natural para buscar e criar valor e intenção. O cérebro humano é capaz de inquirir. Na verdade, ele foi programado assim, do mesmo modo que o universo está perfeitamente adaptado para nós porque estamos aqui – essa, repito, é a ideia do princípio neuroantrópico.

Entretanto, por que somos programados dessa forma? O autor ateísta Richard Dawkins critica essa ideia: "Somos biologicamente programados para atribuir intenções a entidades cujo comportamento nos interessa".[14] Qual é o significado evolutivo dessa programação do cérebro humano, se essa é uma crença falsa, uma ilusão? Por que atribuiríamos propósito e intenção na ausência de uma verdade superior? A crença no "*design* inteligente" é uma boa alternativa para a sobrevivência dos nossos genes? Ou é um profundo desvio na nossa busca de entendimento de um possível sentido para a nossa existência?

Para responder, retomamos a ideia existencial já abordada, ou seja, a da precedência da existência sobre a essência ou da essência sobre a existência. Os humanistas sustentam que a existência física aparece antes da essência, mas que esta última é definida e criada pelo nosso livre-arbítrio. Eu afirmo que a precedência cabe à essência – a essência de Deus ou a intenção da biologia. Tanto a nossa existência quanto a nossa essência foram criadas por intermédio da mente metafórica de Deus. É pelo processo da nossa evolução, auxiliados pela consciência, que redescobrimos essa essência, e nessa redescoberta encontramos também a essência de Deus. O laureado pelo Prêmio Nobel Sir John Eccles resumiu seus muitos anos de estudos do cérebro em sua obra-prima *A Evolução do Cérebro: A Criação do Eu*: "A evolução biológica transcende a si mesma ao fornecer a base material, o cérebro humano, a seres autoconscientes cuja natureza consiste em procurar esperança, descobrir sentido, em busca de amor, verdade e beleza".[15]

Fundamental no sistema de crenças de um teísta é a chamada *complexidade irredutível* – conceito segundo o qual se você tem um sistema complexo de partes interagentes e remove qualquer dos componentes responsáveis pelo funcionamento do sistema, também o todo deixa de operar. Por exemplo, se você quiser pegar ratos com uma ratoeira, você não pode começar com apenas uma mola e esperar que ela funcione. Do mesmo modo, não pode remover todas as partes da ratoeira, menos a mola, e esperar que ela ainda assim funcione corretamente. A ratoeira só irá funcionar se todas as suas partes estiverem adequadamente instaladas. Para que um sistema biológico e orgânico complexo como o Universo, o planeta Terra e a vida humana funcione, cada um dos componentes precisa desempenhar a função de que está investido. Desse modo, um sistema complexo é incapaz de ser reduzido ou diminuído.

Dawkins critica duramente a complexidade irredutível – e está correto em relação a alguns aspectos. Está cientificamente provado que praticamente todo ser biológico no universo e na vida orgânica pode ser dividido em componentes. Você pode ser tão reducionista quanto quiser, mas sempre encontrará "algo" preexistente que originou o elemento seguinte. Considere o átomo, por exemplo – existem partículas ainda menores do que ele, os *quarks*.

Mas há um exemplo singular na evolução que é irredutivelmente complexo: a consciência humana. Quando entramos no domínio da consciência, damo-nos conta de que nossas ciências empíricas começam a perder o seu fascínio e autoridade, sua certeza da nossa realidade percebida. A consciência é funcionalmente indivisível, e nossas conclusões sobre ela não podem ser empiricamente testadas. Sabemos que a consciência humana é irredutivelmente complexa. Se danificamos, removemos ou reprimimos uma parte da consciência, o todo cessa de operar de modo normal, integrado. Com efeito, o conceito de complexidade irredutível é primordial para o tema do nosso livro, qual seja, que a nossa essência (consciência humana) é o nosso veículo altamente especializado (graças à evolução, um veículo programado) para compreender a Mente de Deus. De posse de esmerados estudos de regiões essenciais do cérebro humano, sempre realizados com o recurso das imagens, seguramente não estamos diante de meros interruptores liga/desliga. Antes, podemos ver nesses mapas, com propriedade descritos como redes de conectividade, a alma dentro da máquina, literalmente.

A Perda do Livre-Arbítrio

Os neurologistas às vezes agem como detetives. Procuramos pistas, levantamos hipóteses e precisamos saber quando confiar ou não nos nossos instintos. No momento em que um adolescente de 14 anos chamado Ken entrou com passos arrastados no meu consultório, acompanhado por sua visivelmente apreensiva mãe, nem de longe me passou pela cabeça que o *checkup* que eu conduziria se transformaria em uma pesquisa para localizar a proverbial evidência incontestável do livre-arbítrio no cérebro humano.

Observei que, ao caminhar, Ken dava um passo estranho, arrastando a perna esquerda. Esse jeito de andar poderia sinalizar a ocorrência de um derrame, algo que não se espera ver em uma criança. Eu me perguntei o que poderia ter causado essa debilidade na extremidade inferior do corpo, e presumi que o encaminhamento feito por um advogado indicava que eu teria de resolver um caso de imperícia médica, o que acabou não se confirmando. A mãe de Ken, Sharon, contou-me boa parte da história enquanto o garoto olhava vagamente pela janela. Como mãe solteira, ela criava Ken e a irmã mais nova dele, e estava esgotada. O marido a abandonara um ano antes do que ela enigmaticamente descreveu como "o incidente com Ken na escola". Com relutância, e depois de alguns estímulos,

Sharon revelou que Ken estava com problemas legais. Ele enfrentava acusações criminais e a possibilidade de passar algum tempo em um centro de detenção juvenil. O advogado contratado sugeriu que um neurologista poderia ajudar. Mas como?

O problema de Ken com a justiça começou quando outro aluno denunciou algum tipo de contato sexual não consensual no banheiro da escola. Ken supostamente molestou uma criança três anos mais nova que ele na época.

Enquanto a mãe relatava os angustiantes detalhes do fato como lhe foram comunicados pelos diretores da escola, eu observava atentamente a expressão facial do adolescente. Não havia nenhuma reação perceptível, nem mesmo o menor indício de qualquer sentimento ou emoção. Sharon, por sua vez, mal conseguia conter as lágrimas, parecendo inclusive um tanto histérica.

Fiz ao garoto algumas perguntas preliminares sobre o incidente, mas ele não negou nem tentou explicar o que havia acontecido. Não ficou claro se ele entendia ou não a acusação que lhe era imputada – ou se apenas não se importava. Era como se ele fosse feito de gelo.

Define-se *psicopatologia* como a incapacidade de reconhecer, preocupar-se ou reagir ao estado mental de outras pessoas.[16] Por natureza, os adolescentes podem agir de modo cruel ou indiferente. Com frequência faltam-lhes as habilidades de comunicação para articular com clareza o que está acontecendo. Assim, é sempre delicado diagnosticar um adolescente que poderia preencher o perfil clínico de um sociopata, uma espécie de "jovem monstro" com uma consciência ausente. Mas quanto mais falávamos, mais comecei a me perguntar se Ken de fato se enquadrava nessa categoria. Sempre que eu lhe pedia que explicasse suas ações ou mesmo que me dissesse o que estava sentindo, ele apenas encolhia os ombros e respondia "não sei". Tive a impressão de que estávamos diante de um robô que algum operador humano havia desligado.

"Ken, como você acha que o garoto poderia se sentir com relação ao que você fez?"

"Não sei."

"Você acha que ele pode estar chateado agora, ou assustado?"

"Não sei. Talvez."

"Você tem ideia de quanto esse incidente está fazendo mal à sua mãe?"

Sharon agora, sentada ao lado dele, chorava muito.

"Não sei. Eu acho que sim."

O componente afetivo do garoto estava totalmente embotado. Sua voz era monótona e inexpressiva. Não se tratava apenas de indiferença de adolescente. As luzes estavam acesas, mas não havia ninguém em casa.

Disfarçando minha grande preocupação, perguntei à mãe como ela achava que eu poderia ajudar. Ela respondeu que o pediatra havia encaminhado Ken a um psiquiatra local. O psiquiatra concluiu que o jovem sofria de uma dificuldade de aprendizagem e possivelmente de Transtorno do Déficit de Atenção com Hiperatividade (TDAH), o que estava prejudicando seu discernimento. Ele baseou essa conclusão em relatos e observações de pouca concentração e baixa motivação na escola: Ken havia se tornado cada vez mais impulsivo e faltava à maioria das aulas. Porém, testes com diferentes estimulantes – as drogas típicas usadas para tratar TDAH – haviam se mostrado inteiramente ineficazes. Ken era sem dúvida uma criança portadora de alguma lesão. Mas por quê?

Aprofundando a avaliação, obtive alguns detalhes do seu histórico médico. Ken nasceu com uma condição denominada hidrocefalia congênita, um aumento anormal do fluido cerebrospinal na cavidade craniana. Quando criança, recebeu o implante de um *shunt* (tubo de derivação) no ventrículo lateral direito do cérebro para aliviar a pressão. Dois anos antes, ele passou por uma revisão do *shunt*, em geral um procedimento relativamente rotineiro. Mas os médicos comunicaram a Sharon a ocorrência de algumas "complicações" (jargão que em geral os médicos adotam para dizer que alguma coisa saiu do controle). No procedimento, o *shunt* havia danificado o córtex motor direito de Ken, deixando-o com a fraqueza residual que observei na sua perna esquerda.

O meu tino de Sherlock Holmes entrou em ação. Eu me perguntava se havia alguma conexão entre esse procedimento malconduzido e os problemas comportamentais de Ken, embora à primeira vista isso parecesse improvável. Sharon comentou apenas que o filho às vezes parecia "deprimido", fato que ela atribuía ao estresse das hospitalizações corriqueiras e às consultas de acompanhamento com os médicos.

Perguntei diretamente a Ken se ele se sentia deprimido.

"Não", ele respondeu. "Eu não sinto nada."

Esse foi um sinal. Pela primeira vez na conversa, ele não havia respondido com um "não sei".

Mas sua mãe não havia percebido a pista. "Ken", disse a mãe, voz embargada, "você pode ser levado. Eles podem te levar para uma casa de detenção para meninos."

O menino não respondeu. Nenhum movimento de cabeça, nenhum piscar de olhos.

Ken estivera dizendo a verdade o tempo todo. Ele não estava deprimido. A depressão, pelo menos, é uma sensação. Mas Ken não sentia nada. Ele era completamente apático. O Ken real havia desaparecido.

A sessão estava terminada, pelo menos por enquanto. Devido ao seu histórico neurocirúrgico, encaminhei o adolescente para fazer um exame de ressonância magnética funcional (IRMf) e um exame de imagem por tensor de difusão (ITD), embora me sentisse tentado a estabelecer uma conexão direta entre as minhas descobertas e o seu comportamento antissocial e seus problemas legais. A ITD seria útil nessa ocasião: ela poderia detectar lesão cerebral em casos em que estudos anteriores pareciam normais.

Alguns dias depois da conclusão desses estudos, recebi um telefonema do neurorradiologista, uma chamada bem incomum. "Obrigado por esse", ele disse. "Nunca vi um caso como esse."

Acontece que a colocação do *shunt* havia lesionado não só o córtex motor de Ken – a região do córtex cerebral envolvida no planejamento, controle e execução de movimentos voluntários –, mas também um volume significativo da substância branca no lobo frontal direito. A substância branca é o "metrô" ou a "rede de cabos" do cérebro, o sistema de transporte instantâneo de informações, localizado bem abaixo da superfície e que conecta cada posto avançado distante da substância cinzenta no cérebro a todos os outros. A lesão causada pela revisão do *shunt* indicava essa desconexão – e explicava o reduzido nível de conectividade entre raciocínio e empatia.

O dano produzido pelo procedimento explicava a mudança de personalidade de Ken e sua falta de consideração pelos sentimentos de outras pessoas. Ken não nasceu sociopata – sua lesão cerebral simplesmente o levava a agir como tal. A lesão resultante da substituição do *shunt* o impedia de construir um modelo significativo que pudesse usar para compreender o que ele causava às suas vítimas – ou até por que ele agiu como agiu. Seu poder de raciocínio não o conectava mais à sua empatia. Ele estava simplesmente desconectado.

Promotor e juiz compreenderam ambos o meu testemunho sobre as circunstâncias peculiares do caso de Ken. Ele recebeu a assistência médica e psicológica de que necessitava e não foi internado. Felizmente, com o tempo Ken se recuperou e aos poucos foi se aproximando da sua personalidade original, e por fim demonstrou um arrependimento genuinamente profundo e culpa por suas ações – o que naturalmente exigiu tratamento mais prolongado.

O caso de Ken revela a força da anatomia do cérebro para controlar nosso comportamento, inclusive nossos pensamentos e sentimentos. A alma atuante em nosso cérebro sempre tem algum nível de limitação biológica. Um princípio da evolução, e um princípio correspondente da neurociência, é a ideia de causalidade – tudo deve ter uma causa. A questão é se os nossos estados conscientes são causa ou consequência do funcionamento subjacente do nosso cérebro. Assim, de fato, a questão do livre-arbítrio, falando em termos psicológicos, é se os nossos estados cerebrais são influenciados desde níveis acima do órgão em si ou se o nosso *hardware* – todos os componentes do mecanismo interno do cérebro, o tronco cerebral e o tálamo – estimula os nossos estados conscientes de baixo para cima. Assim, as outras perguntas que precisamos enfrentar são estas: Em que lugar do cérebro somos livres? Em que parte do sistema operacional do cérebro encontramos a vontade livre?

A Verdadeira Liberdade

O *locus* da identidade, o centro anatômico do nosso livre-arbítrio, é uma região do cérebro responsável pela autoria da história que chamamos de nós mesmos. É onde o meu perfil pessoal e único lembra que o meu nome é Jay Lombard, que estudei neurologia e que no momento estou escrevendo um livro sobre neurociência, fé e a alma humana. É nesse grupo particular dos circuitos e vias cerebrais que eu lembro que amo a minha mulher e as minhas filhas. É através desses insondáveis processos básicos dos neurônios que os meus mais íntimos pensamentos, sentimentos, esperanças e emoções passam a existir e permanecem na minha mente, gerando e registrando a minha história pessoal e não a de outra pessoa. O cérebro é um contador de histórias magistral e é nessas fronteiras anatômicas que tecemos e narramos a nossa história.

Podemos considerar esse substrato como a fonte da nossa capacidade de pensar e de imaginar, como o poder e a vontade de criar, de transcender os limites da nossa existência, de escolher por nós mesmos aquilo em que acreditar. Nós somos *Homo sapiens* – "seres que sabem" –, nascidos com a capacidade de autorreflexão e autodeterminação. Agir com propósito determinado é ter a consciência permanente de que somos cocriadores com Deus através da nossa capacidade de criar uma versão conjunta da realidade. Uma enorme responsabilidade acompanha essa liberdade. Nunca sabemos que espécie de borboleta nascerá desse casulo; este universo é um Prometeu desacorrentado.

Uma vez que a nossa própria mente e que a mente e os pensamentos das outras pessoas são irredutíveis, não observáveis diretamente, não temos um modo manifesto de verificar se as outras pessoas sequer têm uma mente; só podemos inferir implicitamente a existência de uma mente nos outros a partir das nossas experiências pessoais com a nossa própria mente. Por isso nos referimos à existência da mente como uma "teoria". Conforme comentamos no Capítulo 2, a capacidade de fazer inferências sobre o estado mental dos outros faz parte da teoria da mente. Sabemos que as pessoas acreditam porque nós acreditamos e sabemos que sentem porque nós sentimos. Mas o que exatamente isso tudo tem a ver com a nossa liberdade?

O professor de psicopatia na Universidade de Cambridge, Simon Baron-Cohen, teorizou que o autismo é uma deficiência da teoria da mente, uma incapacidade de aceitar total e plenamente a perspectiva de outra pessoa.[17] Anatomicamente, foi proposto que a deficiência de metarrepresentação do autismo também se deve a alguma redução na conectividade funcional e aos processamentos envolvidos na teoria da mente que levam a um estado de "cegueira da mente". Alguns podem erroneamente supor que esse estado impediria a pessoa de saber como o outro se sente.

Mas a mente humana se recusa a se deixar prender por suas raízes, e anatomia não equivale automaticamente a destino. Naoki Higashida, um garoto japonês autista de 13 anos, adquiriu a capacidade – um passo de cada vez – de usar a linguagem escrita para expressar sua voz interior. Embora ainda não consiga falar, ele escreveu um livro *best-seller* que foi traduzido para muitas línguas. Essa criança autista, aparentemente incapaz de apreender a verdadeira intenção ou o estado de sentimento de outros, registrou o seguinte sobre os que supostamente seguem uma teoria da mente intacta: "Penso que as pessoas com autismo nasceram fora do regime da civilização [...] como resultado de todo o morticínio no mundo e da destruição egoísta do planeta que a humanidade vem causando [...]. O autismo é de algum modo fruto dessa situação [...] Somos mais como viajantes vindos do distante, distante passado".[18]

Pessoas autistas, aparentemente desligadas de nós, são como canários em uma mina de carvão. A palavra *autismo* deriva de uma raiz grega que significa "eu" e é usada para descrever um comportamento em que a pessoa parece distante e desconectada dos outros. Um sintoma comum do autismo é o medo exacerbado de pessoas estranhas. Mas quem tem mais medo dos outros, a criança autista ou a sociedade onde ela se descobre vivendo? Não é correto dizer que estamos vivendo na era do autismo, em que alienação e desconfiança são ubíquas e disseminadas, e onde desvalorizamos cada vez mais a nossa subjetividade interior? Nos tornamos "autísticos" – as tecnologias que supostamente deveriam nos favorecer tornaram-se ferramentas da nossa opressão. Vivemos um momento de paranoia e desconfiança desmedidas entre nós, em uma sociedade pan-óptica aproximando-se rapidamente da vigilância verbal absoluta. É a isso que damos o nome de liberdade?

Se somos de fato livres, qual é a nossa responsabilidade? Que lições devemos assimilar para compreender e para agir de modo coerente com elas, com um cérebro programado para a liberdade – e, em contrapartida, que resposta se exige de nós? Em outras palavras, se somos livres, somos livres para fazer o quê?

Livre-arbítrio significa capacidade de construir a nossa própria narrativa sobre o sentido e o propósito da nossa vida. Somos livres para acreditar em Deus ou para negar a existência de um Criador. Somos livres para agir moralmente ou podemos optar por fazer o contrário. Somente nós, seres humanos, somos dotados desse potencial, ou capacidade, de transpor os limites da nossa existência, de escolher livremente por nós mesmos um determinado caminho. Podemos inclusive escolher agir de forma desumana. Consideramos essas verdades como evidentes por si mesmas: o cérebro humano procura sua própria liberdade, quer ser autônomo, livre para criar seu próprio destino, livre das correntes de um determinismo biológico absoluto. Se imaginamos o mundo em uma balança que pode pender em uma direção ou em outra com o peso das nossas ações – em que o nosso destino coletivo sustenta-se sobre a responsabilidade que temos uns pelos outros como indivíduos – nosso primeiro ato criativo de liberdade deve ser o perdão. Acreditamos que a nossa vida se fundamenta exclusivamente na lei de causa e efeito. Somos pré-programados para reagir: se alguém nos prejudica, é normal procurar vingança ou reparação. Essa tendência se baseia na nossa natureza determinista, a natureza condicional e esperada. Grande parte da história humana, tanto no nível pessoal quanto no nível das nações, está arraigada no princípio da vingança, a esperada reação a uma ofensa, mas a vingança não conquista novos espaços.

Não é possível haver livre-arbítrio sem a capacidade de perdoar. Pesquisadores italianos que estudaram a fundo a função das regiões do cérebro implicadas na narração de histórias e na identidade chegaram a uma descoberta surpreendente, condizente com um princípio básico da teologia. Emiliano Ricciardi e seus colegas na Universidade de Pisa examinaram os correlatos cerebrais do perdão usando IRMf. Eles descobriram que um componente fundamental dessa região do cérebro só era ativado quando os indivíduos eram capazes de sentir empatia e, assim, perdoar "outros".[19] Livre-arbítrio significa ter vontade de agir incondicionalmente, ter capacidade de transcender as limitações da causalidade e assim viver envolvido pela liberdade e pela potencialidade de Deus.

O processo de perdão é a única liberdade verdadeira. Ele nos confere o potencial de agir de modo totalmente incondicional. A história humana, tanto em nível pessoal quanto no nível das nações, tem se baseado em grande medida no princípio da vingança, na resposta esperada para uma ofensa. Mas a vingança não acarreta nada de positivo.

Perdão é o que é inesperado. Hannah Arendt, autora de *A Condição Humana*, escreveu que o perdão é uma "reação que não apenas reage, mas age de modo novo, incondicionado pelo ato que a provocou, libertando assim de suas consequências tanto quem perdoa como quem é perdoado".[20] Esse nível de liberdade representa a libertação do automatismo inevitável de ação e reação, de estímulo e resposta – um ciclo que de outro modo nunca chegaria ao fim. Temos liberdade verdadeira quando reconhecemos que empatia equipara-se a destino; quando vemos o mundo pela perspectiva dos outros, quando imaginamos e nos relacionamos com o que sentem, quando atribuímos a eles estados mentais e realmente sentimos que são tão reais quanto nós mesmos na Mente de Deus. Quando tudo isso acontecer, seremos verdadeiramente livres.

7

O Bem e o Mal Existem Realmente?

"O afastamento de Deus não é uma questão de distância física, mas um problema de relacionamento espiritual."

— RABINO ADIN STEINSALTZ[1]

"Indivíduo é o ser humano que é toda a humanidade. Toda a história do homem está escrita em nós mesmos."

— KRISHNAMURTI[2]

Era Véspera de Natal de 1989, cidade de Nova York, e o setor de emergência psicológica do Hospital Geral de Queens parecia um universo à parte. Como residente de psiquiatria do segundo ano (apenas começando a avaliar uma possível mudança para neurologia), eu e o meu melhor amigo na época, também residente de psiquiatria, já conhecíamos a dinâmica desse setor. A entrada para a unidade era separada e guarnecida de portas com três ferrolhos, uma para entrada e outra para saída. O objetivo dessas medidas era proteger pacientes instáveis e também os médicos e atendentes vulneráveis.

O meu amigo era um dos sujeitos mais engraçados que já conheci, capaz de tornar suportáveis as raras noites mortas como aquela. De modo geral, as noites no setor eram difíceis, frequentadas por adolescentes suicidas, usuários ocasionais de drogas e viciados já evidenciando enfermidades mentais. Essa noite, todavia, estava especialmente arrastada. Perto da meia-noite, meu amigo se aproximou de mim com um sorriso maroto e disse: "Tudo calmo na Frente Ocidental".

Tive um arrepio. Jogadores de beisebol e residentes em psiquiatria alimentam superstições peculiares. Estes últimos nunca diziam que o setor de emergência estava "calmo" – isso significava o beijo da morte.

Foi pensar e acontecer: alguns minutos depois, técnicos de emergência médica acompanhados por dois policiais chegaram com uma mulher de pele e cabelos morenos, estatura baixa, não mais que um metro e meio de altura. Apesar de franzina, ela estava amarrada à maca com um cinto de quatro pontas (o equivalente moderno e mais humano da camisa-de-força). Ela só conseguia mexer a cabeça – que levantava o máximo que conseguia, enquanto, quase que literalmente, rosnava e rugia.

"Ela está possuída", disse uma das enfermeiras.

Possuída? Eu havia visto filmes de terror e, embora não acreditasse na existência de um diabo literal, quanto mais eu observava a paciente mais tendia a concordar com essa avaliação. Ela rosnou e urrou contra nós mais uma vez. Os sons que emitia não eram humanos. No entanto, devia sem dúvida haver uma explicação biológica e psicológica para o que estávamos vendo.

Não devia?

Dr. Jekyll e Mr. Hyde

A noite foi ficando ainda mais estranha.

A técnica para controlar com eficiência um paciente potencialmente explosivo como essa mulher prescreve que um braço fique preso com firmeza acima da cabeça e o outro seja esticado ao longo do corpo. Segundos depois de ser levada para a sala de emergência, de algum modo a mulher livrou o braço de cima da cabeça – o que exige uma força sobre-humana – e desferiu um soco em um policial corpulento, quase derrubando-o.

"Esta é toda sua", disse o policial, massageando a contusão, e os dois policiais saíram apressados, pressionando o botão de saída para fugir da sala de emergência.

A enfermeira de plantão os conduziu para fora, enquanto os técnicos da emergência providenciavam a assinatura dos papéis e eu criava coragem para o primeiro encontro com a mulher. Como residente de plantão, cabia a mim programar todos os procedimentos a ser adotados. A paciente estava tão violenta que de imediato me preparei para administrar 1 ml de Haldol via injeção intramuscular. Essa droga faz verdadeiros milagres na redução da agressão e do ímpeto de ferir pessoas, além de clarear os pensamentos do paciente. Mas quando eu e duas das nossas enfermeiras mais experientes tentamos conter a mulher para aplicar-lhe a injeção, ela se debateu com enorme violência e fez de tudo para morder meu braço, como um *pit bull* furioso.

Normalmente, ao mesmo tempo que avaliamos os sinais vitais nessa sala de admissão, eu também levanto um histórico. Mas essa paciente continuava agressiva demais e, com exceção dos grunhidos guturais e do ranger de dentes à nossa aproximação, ela não se comunicava. Nem dois minutos de contato haviam passado e eu já estava desorientado, não sabendo o que exatamente acontecia. Felizmente, uma enfermeira da triagem entrou na sala dizendo que o marido da paciente havia chegado e esperava no lado de fora. Já tínhamos administrado o Haldol, por isso aproveitei a ocasião para sair por alguns momentos e falar com ele enquanto o antipsicótico fazia efeito.

O marido entrou na sala de espera bastante agitado, o que é bastante comum. Em resposta às minhas primeiras perguntas, ele disse que a mulher se chamava Madalena, tinha 29 anos, era natural da Guatemala, estava com boa saúde física e que "isso acontece de vez em quando com ela". O início desse último episódio se dera cinco dias antes, sem nenhum fato desencadeador evidente. Disse ainda que estava irritado com os policiais por terem chamado a ambulância, e indignado com os paramédicos por levá-la ao hospital.

"Qual o motivo dessa irritação toda?", perguntei, sabendo que o meu tom de voz revelava um alto grau de incredulidade.

"Porque ela não precisa de um médico", ele respondeu com sotaque entrecortado.

"Do que ela precisa então, senhor?"

"Ela precisa de um exorcista!"

Quando um paciente se encontra em situação difícil, em geral eu não dedico tanto tempo entrevistando um membro da família, mas como o Haldol precisa de um certo tempo para acalmar um paciente perigoso (para não mencionar que eu estava sem pressa para voltar a ela), sentei-me a fim de obter mais informações, e convidei o marido a fazer o mesmo, também com a esperança de aliviar a aflição dele.

"Ela está usando alguma medicação para esquizofrenia?", perguntei, repassando uma lista de possíveis condições. "Transtorno bipolar? Alguma coisa?"

"Não", ele respondeu. "Ela não é louca, posso garantir."

"Ela bateu a cabeça em algum lugar? Acidente de carro? Uma queda?"

"Não. Não!" Uma veia na sua têmpora pulsava agitada.

"E convulsões? Você lembra se ela já..."

"Por que você não está me ouvindo?" Ele levantou-se de repente. "Ela não devia estar aqui! Ela não está doente – ela tem o espírito maligno dentro dela! Você o expulsa ou eu a levo para algum outro lugar!"

Não tenho vergonha de deixar registrado para a posteridade que essa conversa – de modo especial a insistência desse homem sobre um único e inequívoco diagnóstico – me impressionou profundamente. Mas eu também tinha certeza – não só porque residentes do segundo ano tendem a ficar vaidosos por seus diagnósticos, mas também porque eu queria sinceramente ajudar aquela mulher atribulada – de que o acolhimento em uma unidade psiquiátrica de emergência era a escolha óbvia para ela, assim como o era a minha tentativa de "medicalizar" a condição. Eu tinha certeza de que podíamos ajudá-la aqui, mesmo que no momento eu não soubesse exatamente como. Parecia que eu tinha ido o mais longe possível com o marido e, por isso, estando Madalena totalmente sedada, voltei para o quarto. Nunca estive mais apreensivo em uma situação médica antes desse episódio ou depois dele.

E também nunca estive mais surpreso!

O que encontrei no quarto era a mais calma e meiga jovem mulher que eu podia imaginar, exibindo uma fisionomia de absoluta bondade, humildade, encanto e serenidade. Ela inclusive desviava os olhos de maneira muito peculiar, como uma criada do velho mundo talvez fizesse.

Em tom elevado, estridente e quase cantando, lembrando menos seus ancestrais indígenas da América Central do que o marido, ela disse: "Doutor, espero não ter causado nenhum problema para ninguém".

Essa era a mãe de todos os eufemismos. Eu estava tão espantado com a diferença de personalidades que tudo o que consegui fazer foi dirigir o meu olhar atônito para as duas enfermeiras que estavam no quarto. Elas, por sua vez, franziram a testa. O Haldol é uma droga potente, mas não tanto a ponto de transformar tão rapidamente Hyde em Jekyll.

A mulher não se lembrava de absolutamente nada do que havia acontecido, mas uma das enfermeiras já havia informado a ela os motivos por que estava no hospital. E esse era o problema. Percebi que não fora a droga que aplicara o truque. O que eu tinha na maca à minha frente era um inequívoco – e grave – caso de transtorno de personalidade múltipla, ou o que hoje se denomina transtorno dissociativo de identidade. Um cérebro transformando-se dramaticamente e de forma repentina foi um dos processos mais fascinantes que eu jamais testemunhara, apesar de aterrador. E enquanto ainda me concentrava na paciente, naquele mesmo momento, quase literalmente, decidi que mudaria minha carreira para a neurologia.

No decorrer do exame superficial que efetuei, descobri que a frequência cardíaca, o pulso, a temperatura do corpo e outras avaliações eram absolutamente diferentes daquelas tomadas pelos paramédicos na ambulância pouco tempo antes. Eu a internei na ala psiquiátrica fechada seguindo o padrão, com o diagnóstico de Transtorno Psicótico NOS (Not Otherwise Specified: a menos que se especifique de outra maneira), pois eu precisava deixá-la aos cuidados de profissionais mais experientes para confirmar minha suspeita de transtorno de personalidade múltipla. Na ala psiquiátrica, ela passaria por um exame geral.

O psiquiatra responsável pelo plantão, "dr. S", um homem com quase 70 anos, assumiu o caso. Nos dias seguintes, às vezes eu conversava com ele sobre o caso de Madalena e descobri que a outra personalidade dela, aquela que o marido chamava de espírito maligno, não havia se manifestado desde o dia da internação. Mas a intensidade da violência dessa personalidade, seu início e fim abruptos, e o contraste entre esse e o outro eu, submisso, da mulher, fizeram de Madalena o caso mais interessante para todos no hospital.

O dr. S me comunicou que estava determinado a conhecer a "outra metade" de Madalena. Ele tinha um plano para conseguir isso – e todos os residentes de psiquiatria foram convidados.

Uma Sessão de Hipnose

O plano do dr. S começou com uma consulta de rotina do manual-padrão, *Manual Diagnóstico e Estatístico de Transtornos Mentais*, publicado pela Associação Psiquiátrica Americana.[3] Esse livro identifica a causa de inúmeras doenças mentais graves, como transtorno de personalidade múltipla e transtorno dissociativo de identidade em casos de trauma infantil grave, em geral de natureza sexual.

Não é necessário procurar uma versão remota do "mal". Embora haja certa controvérsia em torno desse diagnóstico, muitos especialistas acreditam que a psique pode sentir tão extremamente o trauma infantil a ponto de precisar de uma fragmentação, de uma compartimentalização dos distúrbios, de modo a tornar o trauma indisponível para a consciência. Uma "parte" dominante da pessoa pode permanecer consciente e "normal", mesmo quando outras "partes" tenham se "separado" em diferentes direções e permanecido traumatizadas.

Um aspecto essencial da estratégia de tratamento-padrão do transtorno de personalidade múltipla e do transtorno dissociativo de identidade é a unificação das partes separadas do eu em um único todo, baseado na personalidade hospedeira dominante.

Para essa finalidade, em colaboração com o marido de Madalena e em adendo à psicoterapia que ela recebia, o dr. S queria incluir uma modalidade auxiliar que muitas vezes beneficia pacientes como Madalena: a hipnose. Além disso, ele acreditava que seria instrutivo conduzir a primeira sessão com a presença de todos os residentes em psiquiatria.

A sessão começou com o dr. S induzindo Madalena calmamente a um estado de relaxamento, até que ela entrou em transe. A partir desse momento, com os olhos revirados, ela passou a responder a todas as perguntas de modo polido e recatado: "Sim, doutor, estou confortável". "Sim, doutor, estou ouvindo bem."

Mas quando ele perguntou se ela estava preparada caso ele se dirigisse a "alguém mais" que talvez estivesse com ela, Madalena respondeu, com voz normal, mas suplicante: "Por favor, doutor, não".

"Não, o quê?", ele perguntou.

Ela sussurrou: "Não devemos deixar que ele saia".

Ao que, como um potro projetando-se de um curral, "ele" estava fora. A outra personalidade estava conosco. Foi como se o interruptor desligasse novamente, e as luzes atrás dos olhos da mulher se apagassem. Tudo o que era normal em Madalena desapareceu, morreu em certo sentido, e ele, a outra personalidade, "o Maligno", a envolveu por inteiro. Um rugido gutural profundo saiu de dentro dela. Seu corpo se contorceu. Nada em sua fisionomia revelava uma aparência humana.

Os residentes em psiquiatria arremessaram-se em bloco para o lado oposto da sala – alguns derrubando cadeiras – e se amontoaram no canto. O dr. S continuou sentado na frente de Madalena enquanto o Maligno o encarava e babava, queixo tocando o peito, as narinas chamejando. Dr. S agarrou-se aos braços da cadeira e ficou na ponta dos pés, para o caso de também precisar correr para a porta. Ele umedeceu os lábios secos e, com dificuldade, deu a ordem: "Diga-me o seu nome".

Nenhuma resposta em voz humana. Apenas um longo mugido, o som de um touro preso antes que o encarregado do estábulo retire o pino do portão. Por que ninguém pensou em imobilizá-la antes?

Seja qual for a causa ou a natureza dessa aberração, posso dizer com segurança que nunca antes ou desde então na minha vida senti tão profundamente o poder de uma mente enferma. E isso é dizer muito. O que vim a aprender é que a mente de uma pessoa pode acreditar tão fortemente na realidade de uma personalidade dividida que um corpo físico pode de fato manifestar essa realidade dentro da mesma pessoa. Uma personalidade pode ter altos níveis de açúcar no sangue e a outra não. Caligrafia, talento artístico, fluência linguística, alergias, reações a drogas[4] e mesmo acuidade visual clínica e forma e curvatura do olho podem todos ser diferentes de uma personalidade para outra.[5] Uma personalidade pode precisar de óculos, enquanto a outra pode ter uma acuidade visual 20/20.

Os atos de caminhar, falar, respirar e o batimento cardíaco – existe um "modo de ser biológico" que corresponde a um modo de ser, pensar, acreditar, esperar e temer psicológicos. E quando o modo de ser psicológico se altera em decorrência de determinadas circunstâncias, o modo de ser biológico também se modifica, de modo correspondente.

Todos entendemos isso intuitivamente: imagine seu estado neurobiológico se você estivesse em um quarto confortável em casa, depois de ter dormido sossegadamente durante seis horas. Em seguida, imagine o estado do seu corpo dez segundos depois de acordar repentinamente com o barulho de vidro estilhaçado e alguém gritando: "Fogo! Fogo! Chamem os bombeiros! Fogo no prédio!"

A dissociação segue essencialmente essa mesma lógica da bioquímica, acompanhando a psicologia, embora opere no ponto extremo do contínuo. O corpo persegue com determinação aquilo em que o cérebro acredita, por isso quando a mente pensa que pertence a outra pessoa, de fato "alguém mais" habita o corpo. Esse "outro eu", que pode demorar alguns minutos ou apenas um segundo ou dois para se manifestar, irá assim corresponder a uma frequência cardíaca e respiratória alteradas e a outros indicadores fisiológicos que demonstram primeiro uma clara desorganização, seguida por uma reorganização, e daí em diante um novo padrão típico da nova e emergente personalidade. Uma das transformações mais perceptíveis e espantosas acontece no rosto, via tensão relativa dos músculos faciais e remodelação de feições, para combinar com a sua nova identidade interior.

Todo o inquietante evento com Madalena durou noventa segundos, e então o dr. S, claramente horrorizado, como todos nós, tirou Madalena do transe com um estalar de dedos. Ela esticou os músculos do pescoço, limpou a boca e sorriu para o dr. S graciosamente. Em seguida percebeu todos nós, os "jalecos brancos", amontoados no canto da sala. Olhou então para o próprio colo, embaraçada, e disse: "Eu lhe pedi, doutor, que não o deixasse sair; eu falava sério".

Conectado à Biologia

Os médicos presentes não podem contestar o que testemunharam naquela sala. Assim, como explicamos o que aconteceu com essa mulher? Como analisamos esse transtorno em bases biológicas, psicológicas e científicas?

O distúrbio da autoidentidade de Madalena parecia remeter a um nível mais profundo de compreensão sobre as origens da dissociação, talvez a um entendimento mais completo da identidade humana em todas as suas divisões e também colaborações. "O homem não é realmente um, mas de fato dois", afirma o dr. Jekyll, de Robert Louis Stevenson – uma parte é "boa" e a outra parte é o contrário do bem. A essa parte ele chama de "mal".[6] Eu gostaria de sugerir alguma outra coisa, ou seja, separação.

Segundo o histórico de Madalena, ela havia sofrido um trauma severo quando criança: fora estuprada e sodomizada por um estranho. O trauma a afetara tão profundamente a ponto de dividir sua identidade em duas partes. Uma parte parecia preservar a personalidade verdadeira – a esposa e mãe amorosa. A outra conservava e até encarnava o horror do seu trauma infantil.

A dissociação é a forma que o cérebro encontra para se afastar de uma experiência traumática. Sempre que a personalidade traumatizada assumia o comando, era como se ela de fato desalojasse o eu verdadeiro de Madalena. O mal externo se instalara de tal modo na biologia de Madalena que essa personalidade tomava efetivamente as rédeas de tempos em tempos. Madalena não conseguia controlá-la, do mesmo modo que não conseguimos controlar uma diarreia aguda – ela simplesmente ocorre, por mais que tentemos segurar. No caso de Madalena, era mais fácil para sua verdadeira personalidade apegar-se a um estado dissociativo do que reviver o trauma do estupro e da sodomia. Quando esse mal externo se impunha, a verdadeira Madalena ausentava-se, alienava-se. Aquela criança não estava mais lá – durante o episódio que iniciou o trauma e sempre que ela revivia esse episódio.

O mal existe? Sem dúvida nenhuma. O trauma de Madalena na infância foi a síntese da definição de mal. Para o adulto que a agredira, não importava o horror total e absoluto que suas ações produziram nela. Seu depravado desdém pela singularidade e sacralidade de outro ser humano, substituídas por uma energia vazia, egoísta e selvagem, é a minha definição de mal em carne e osso. Não apenas o corpo de Madalena foi violado; também sua alma foi despedaçada.

Tenho quase certeza de que pessoas contestarão qualquer tentativa de explicar a total e absoluta transformação da identidade de Madalena em termos estritamente biológicos e psicológicos, do mesmo modo que há os que questionariam qualquer explicação metafísica "fantasmagórica" para o que resultava claramente de um abuso sexual extremo. A mesma relutância a proceder desse modo significaria uma resistência semelhante a indagar se um distúrbio cerebral tem um sentido existencial mais profundo além de seus fundamentos biológicos. Cada perspectiva, seja biológica ou espiritual, tem sua própria validade subjetiva. Precisamos explorar essa subjetividade em nossos esforços para compreender o sofrimento humano, de modo especial quando investigamos nossos estados emocionais e o modo como nossas crenças são tanto a causa como a consequência desses estados. Precisamos fazer isso. Biologia é sempre o estudo da vida, e a vida está sempre relacionada ao sentido. Assim como no caso de Madalena, nossa biologia e nossa fenomenologia não são coisas separadas. Elas estão efetivamente conectadas, partes integrantes da consciência humana.

Como médico e cientista que reconhece o imperativo dessa subjetividade, procedo da perspectiva de que o mal não é algo totalmente fora de nós mesmos. Em *O Paraíso Perdido*, de Milton, Satanás é incapaz de reconhecer a diferença entre o numenal (o real, o comum ou o normativo) e o fenomenal (o extraordinário), e contamina a humanidade com essa mesma maldição quando engana Eva, que causará separação e divisão. A manifestação do bem e do mal não existe na nossa biologia; precisamos chamá-la por algum outro nome.

O mal que a pobre Madalena sentia era orgânico. Ele liberava a si mesmo dentro da subjetividade dela, infectando sua fisiologia. Poderíamos dizer que a mulher era louca. Podemos chamá-la de dissociada. Mas o mal era real, não era artificial nem abstrato.

Muros e Pontes

Mas como terminou a história de Madalena? Não foi um final de todo feliz. Eu era residente na época, por isso não me lembro de todos os detalhes. Sei que ela foi estabilizada, medicada e mandada para casa. É quase certo que seus episódios continuaram durante algum tempo. Na qualidade de médicos, deixamos de observar algum aspecto? Talvez.

Naquele período da minha residência, eu estava impressionado – seria mais honesto dizer *arrasado* – pela insubstancialidade do fundamento psicológico que sustenta nossa identidade pessoal, a forma pela qual nossa vida se torna unificada ou desagregada pela identificação/dissociação das nossas relações, tanto dentro de nós mesmos quanto além, ou seja, entre nós. O distúrbio de autoidentidade de Madalena parecia apontar não só para algum nível mais profundo de compreensão das origens da dissociação, mas talvez também para um entendimento mais pleno da identidade humana em todas as suas divisões e colaborações. Todos nós passamos por traumas em nossos relacionamentos, e a defesa óbvia é erguer muros e não pontes para nos proteger de outros males.

Voltando à afirmação do dr. Jekyll de que o "homem não é realmente um, mas de fato dois",[7] significará essa afirmação que a alma humana é a linha de frente de um "anjo" e de um "demônio" alegóricos em luta pelo domínio do universo – e da nossa própria mente?

Para mim, o caso de Madalena destacava-se como o exemplo mais acabado de como os supostos estados imaginários da mente se tornam reais, de como o alegórico se torna concreto. Por falta de palavras mais apropriadas para descrever minha experiência, naquele momento na sala de emergência tive um vislumbre fugidio da força crua e bruta da ação da mente e da sua manifestação na identidade humana.

Há, sem dúvida, casos documentados de personalidade dividida em que um padre ou pastor foi chamado para o hospital, rezou por um paciente e este ficou livre do seu distúrbio. O trauma subjacente é remediado. Como médicos, não prescrevemos orações para os pacientes, mas talvez devêssemos fazê-lo. Alguns estudos mostram que "a oração intercessora ao Deus judeu-cristão tem efeito terapêutico benéfico sobre os pacientes".[8] E isso faz sentido, pois a maioria das doenças e transtornos do cérebro contém tanto elementos biológicos como experienciais. Uma explicação é que o sistema de crença de uma pessoa é tão poderoso que a confiança em um Deus que pode remover um mal da consciência poderia de fato ser parte do caminho para o bem-estar.

Da perspectiva científico-filosófica, existe claramente uma dinâmica biológica de unidade e separação, de muros e pontes, uma moralidade e uma imoralidade dentro de nós.

Como o filósofo italiano do Renascimento Giovanni Pico della Mirandola escreveu:

> Primeiro, existe nas coisas a unidade pela qual cada coisa é idêntica a si mesma, subsiste por si mesma e se mantém coesa. Segundo, existe a unidade pela qual cada criatura se une às demais, e assim todas as partes do mundo constituem um só mundo. A terceira unidade, e a mais importante, é aquela pela qual o Universo inteiro é uma coisa só com o seu Criador.[9]

Podemos ver essas dinâmicas nos componentes mais básicos da vida, a nossa constituição celular. As células são de fato estruturas incrivelmente complexas que incorporaram organismos primitivos e originalmente livres em um processo conhecido como endossimbiose. A parte *simbiose* desse composto significa que as células são de fato mutuamente benéficas e fortalecedoras. Elas demonstram uma forma de altruísmo recíproco. As células precisam cooperar e inter-relacionar-se para evoluir e formar organismos mais complexos.

As células cancerígenas oferecem uma analogia perfeita de um mal biológico em que a cooperação normal e a integração das atividades se tornam desvinculadas, autônomas e separadas; e em que toda a sua atividade serve exclusivamente para seus próprios fins. As células cancerígenas agem basicamente do mesmo modo como o estuprador de Madalena agiu para sua própria gratificação. Essas células estrangulam seu hospedeiro para alimentar a si mesmas e somente a si mesmas. O câncer rouba o suprimento de sangue, o oxigênio e os nutrientes da sua vítima. É como se as células cancerígenas declarassem: "A minha essência é a única essência relevante". A vontade de poder do câncer é a sua característica predominante. Sua missão depende de saciar-se com a vitalidade roubada do restante da pessoa. Ele precisa dominar. Para viver, ele precisa derrotar o fígado, por exemplo. A natureza do câncer é de separação e divisão, da vida isolando-se com violência. O paradoxo por certo se revela quando o câncer por fim destrói o hospedeiro, pois ele também se extingue, junto com o hospedeiro que levou à morte.

A Neurociência do Karma

Em qualquer discussão sobre o bem e o mal, devemos nos perguntar: Estamos interligados uns aos outros de algum modo profundo e fundamental ou somos todos seres completamente separados e desvinculados? Os que se alinham ao lado da ideia de separação total sustentam que não sentimos as reverberações das ações dos outros. Os que se posicionam a favor do envolvimento afirmam que, como células, somos mais unidos do que podemos inicialmente pensar. Assim, temos responsabilidade moral uns com os outros.

Nossa capacidade de percepção evoluiu para um ponto em que conseguimos menos nos unir uns aos outros do que nos transformamos mutuamente em objetos e *commodities*. Essa objetificação representa um sério risco, pois leva a uma transformação de nós mesmos e do mundo em objetos utilitários. Precisamos combater continuamente essa redução de nós mesmos a meras mercadorias. Deve existir um critério simples de moralidade humana, com base na crença inabalável de que os seres humanos não são objetos nem *commodities*. Somos centelhas divinas, e existe uma moralidade kantiana imperativa que nos ensina a nunca tratar outro ser humano como um meio, mas sempre como um fim em si mesmo. Não conseguimos descobrir nenhuma verdade a nosso respeito sem uma compreensão de como as nossas ações nos afetam profundamente uns aos outros, e possivelmente a nossa própria existência.

Na psiquiatria clínica e na pesquisa neurocientífica, muitos estudos mostram que uma enorme variedade de forças externas influenciam o cérebro e afetam nosso comportamento. Estudos com sobreviventes do Holocausto, e também com filhos de veteranos de guerra norte-americanos, documentam efeitos comportamentais geracionais significativos decorrentes de traumas.[10] Essa transmissão do trauma é o modo como o código genético do cérebro, programado para a sobrevivência, torna-se instrumento de autogeração de mais grilhões, uma "marca de Caim", se você quiser. A consequência é que se o cérebro se altera, essa alteração pode ser transmitida a gerações seguintes. "Não podemos viver apenas para nós mesmos", escreveu Henry Melvill, sacerdote da Igreja da Inglaterra do século XIX. "Milhares de fibras nos ligam aos nossos semelhantes; ao longo dessas fibras, como filamentos solidários, deslocam-se as nossas ações como causas, para em seguida voltarem como efeitos."[11]

Podemos então extrapolar e assim imaginar como nós – cada indivíduo nesta existência – fazemos parte de uma corrente longa, complexa e causal. Não só nossas ações, mas também nossas palavras e até mesmo nossos pensamentos afetam os outros. A nossa vida está imersa em ressonâncias invisíveis, mas poderosas, tanto biológicas como psicológicas, e essas ressonâncias colocam nós e os outros em movimento. Ressonância e harmonia, ambas começam e terminam com o objetivo da concordância, consistência, congruência e da ordem natural das coisas. Bem e mal não são ações propagadas por indivíduos, apenas. Há uma razão que justifica o pensamento e o movimento "todos em um": nossas ações e nosso comportamento afetam porções da humanidade, talvez até mesmo toda ela.

A física revela que todo o Universo está conectado. Partículas de energia e matéria podem se entrelaçar e de fato se entrelaçam. O que acontece em uma parte do Universo pode afetar algo em outra parte a milhões e milhões de anos-luz de distância. Tudo no Universo está de alguma forma em contato literal o tempo todo, e isso simplesmente foge à nossa imaginação mais desvairada.

Os cérebros comunicam-se uns com os outros – nossos estados biológicos internos alteram-se de formas conscientes e inconscientes em um processo denominado "arrastamento" (*entrainment*), padrões de atividade de ondas cerebrais vinculados aos nossos estados emocionais e cognitivos. Vemos esse entrelaçamento nas interações sociais do dia a dia, que podem ser verbais ou não verbais. Imagine quando todas as pessoas em um grupo social riem de uma piada; ou como as pessoas em um concerto batem os pés ao som da música. Às vezes, ao falar com um amigo, podemos casualmente coordenar nossas frequências de fala e movimentos de mão sem perceber.[12]

Em psicologia, usamos o termo *ressonância* de modo similar. Ressonância implica a tendência a aumentar e ampliar mediante a correspondência com um padrão de frequência de um outro sistema de ressonância.[13] Entre os exemplos de ressonância em psicologia estão os laços entre a mãe e o bebê, em que todo um conjunto de fatores biológicos e psicológicos entre mãe e filho se tornam intimamente unidos.

Existe um motivo para a nossa sincronicidade. Essa conectividade é um imperativo biológico. Não fomos feitos para ser lobos solitários. A nossa sobrevivência depende literalmente de vínculos sociais. Com frequência sentimos essa interconectividade inconscientemente, desde o momento em que nós, como bebês, nos unimos à nossa mãe. Ou talvez tenhamos experimentado isso com a pessoa amada. Como pêndulos que oscilam em uníssono, essa junção de cérebros separados pode nos conectar em momentos, quase como se fôssemos um só. Podemos concluir as frases um do outro. Podemos adotar o ritmo e a cadência da conversa um do outro, uma sincronia já observada e comprovada no relacionamento entre bons amigos e membros da mesma família. O cérebro humano é programado para desenvolver esse tipo de adaptação evolucionária, de modo que podemos maximizar o nosso sucesso porque somos animais sociais que reagem ao comportamento uns dos outros.

Não há necessidade de nada sobrenatural envolvendo esses elos sincronísticos. Essas ressonâncias nos afetam também no nível biológico, incluindo a nossa frequência cardíaca e a atividade das ondas cerebrais. O cérebro humano produz continuamente ondas que podemos medir clinicamente como diferentes tipos de padrões eletroencefalográficos (EEG). EEGs são tecnologias detectoras de ressonância, e usamos essas medições da atividade elétrica do cérebro para diagnosticar a epilepsia, por exemplo. Cada neurônio do nosso cérebro ressoa através de forças eletromagnéticas flutuantes, medidas pela tecnologia EEG. Temos centenas de trilhões desses neurônios, e as cargas elétricas induzem ondas de atividade única, as quais ajudam a definir nossos pensamentos, lembranças e comportamentos por meio dessas flutuações de energia geradas internamente.

O neurologista alemão do início do século XX Hans Berger foi a primeira pessoa a descrever ondas cerebrais distintas depois de relatar uma "experiência telepática espontânea" com sua irmã.[14] Considero a palavra *telepática* carregada demais para uso atual, por isso prefiro *sincronística* – um tipo de arrastamento inconsciente em que a atividade cerebral se associa em indivíduos que compartilham uma conexão emocional profunda. Para Berger, os sentimentos sincronísticos ocorreram depois de um acidente a cavalo quase fatal que ele sofreu em 1892, ao treinar em uma unidade de artilharia. No incidente, ele escapou por pouco das rodas em movimento de um canhão montado e quase morreu.

Ao retornar ao alojamento no fim do dia, Berger encontrou um telegrama da sua irmã, de quem era muito próximo, perguntando sobre a saúde dele. Naquela manhã ela estivera angustiada, com a sensação de que algo terrível havia acontecido com ele. O momento circunstancial do telegrama surpreendeu Berger, pois ele não recebia notícias da família desde que se alistara no exército, alguns meses antes. Ele estava convencido de que a sincronicidade desse evento ia muito além da mera coincidência – ela "ressoou" com um significado profundo para ele de formas que alterariam não apenas a sua vida, mas também a história da neurologia.[15]

Berger tornou-se obcecado pelo conceito de que os seres humanos podem se comunicar por telepatia, de modo especial em momentos de grande estresse ou perigo de morte. Ele dedicou o restante da sua vida à pesquisa das bases fisiológicas da energia psíquica e da correlação entre atividade objetiva no cérebro e fenômenos psíquicos subjetivos.

O que podemos aprender com essas observações? Devemos entender que não só o que fazemos, mas também quem somos e o que pensamos, tudo isso irá reverberar nos outros, influenciando seus pensamentos, sentimentos e ações. É este, acredito, o significado do *karma*, e estamos hoje mais aptos a compreendê-lo medindo os efeitos das nossas ações sobre as outras pessoas, não apenas em termos comportamentais, mas também fisiológicos.

Um exemplo do poder que temos de afetar uns aos outros de modo palpável, biológico, foi examinado em muitos estudos médicos relacionados com os efeitos da oração intercessora, quando uma pessoa ou um grupo de pessoas reza para o bem-estar emocional ou físico de outra pessoa. Embora esses estudos, quando examinados em sua totalidade, não tenham chegado a uma conclusão, aprendemos alguma coisa muito importante sobre os efeitos da oração para a saúde. Muitos dos principais participantes de pesquisas sobre a influência da oração para os que sofrem alguma doença específica concluíram que a intencionalidade pode facilitar a cura a distância. Embora nenhuma explicação estritamente material possa esclarecer os efeitos da oração, os dados parecem confirmar a nossa conectividade intrínseca e a ação do relacionamento. Quer atribuamos os efeitos dessas conexões a Deus ou a alguma força natural, a oração transmite claramente alguma energia mensurável que é sentida no mundo biológico.

Por que o Mal Existe

Poucas pessoas, se de fato existir alguém capaz disso, podem responder de modo adequado à pergunta: Por que um Deus benevolente permitiria a existência do mal? Alguns sustentam que é praticamente impossível qualquer indício de benignidade divina quando a tragédia se abate sobre nós. Seguramente, é difícil encontrar sentido nas incontáveis formas de sofrimento com que nos deparamos cotidianamente ou compreender o significado das catástrofes naturais ou doenças que nos afligem e que afligem alguém com quem nos preocupamos muito. Jamais compreenderemos plenamente a razão do nosso sofrimento. A neurociência não pode nos ajudar a responder por que vivemos em um universo aparentemente indiferente, inconsistente e em geral brutal. William James, um grande filósofo norte-americano que perdeu um dos filhos para a doença, meditou sobre a imprevisibilidade da nossa existência física, que descreveu como "o fosso da insegurança sob a superfície da vida".[16]

A pergunta do porquê o mal existe como um tormento contínuo na mente do homem é uma questão existencial inteiramente diferente, algo que não é externo ou exógeno a nós, como no caso de um desastre natural. No confronto com o mal, a questão não é se Deus está ausente da nossa vida. A natureza do mal faz parte da natureza humana; portanto cabe a nós, não a Deus, responder à pergunta acerca da existência desse mal. Em última análise, o mal é uma questão de como e por que somos afastados da nossa própria humanidade. A resposta relativa à existência do mal encontra-se na nossa resposta à pergunta, não na pergunta em si.

Só podemos responder ao mal e confrontá-lo com compaixão – ação realizada, não contemplação. Assim, precisamos responder com o potencial de bondade que tivermos dentro de nós. Pesa sobre nós por certo a responsabilidade da fé: oferecer provas para nós mesmos, através da atividade da nossa vida, não só de que Deus existe, mas de que sua verdadeira natureza é benigna. O único modo como podemos revelar isso é através dos nossos relacionamentos uns com os outros, sermos uma espécie de placebo através do amor e da bondade incondicional. A palavra *religião* deriva de uma raiz latina que significa "ligar, atar, unir".[17] No seu aspecto mais positivo, a experiência realmente religiosa nos conecta uns aos outros. Uma experiência religiosa falsa nos divide.

Quando Moisés pediu a Deus que revelasse o Seu nome, Deus simplesmente respondeu: "Eu SOU o que SOU".[18] Há uma tradução hebraica que é interpretada como: "Como estás comigo, assim estou eu contigo".[19] É no espaço "entre nós" que Deus é encontrado. A moralidade não está além de nós; está totalmente conosco. Nossa fé encontra-se em nossos atos, no nosso amor e na nossa atenção para com os outros. É aí que encontramos a resposta de Deus para o nosso sofrimento e a nossa resposta para as divisões percebidas entre nós.

8

Imortalidade:
A Lembrança do que É

"Não cessaremos de explorar
E o fim da nossa exploração
Será chegar aonde começamos
E conhecer o lugar pela primeira vez."

— T. S. ELIOT[1]

Uma das perguntas fundamentais que todos nós, seres humanos, seremos levados a fazer – e a responder – em algum momento da vida é esta: O que vem em seguida? O que acontece depois que morremos? Essa, por sua vez, suscita outra: Existe alguma coisa ao término desta espiral de morte? Temos alguma forma de pós-vida, ou o fim da nossa existência terrena significa luzes apagadas para toda a eternidade? E essa segunda pergunta sugere outras mais: Existe um propósito na vida? Como a busca de sentido se relaciona com o questionamento acerca da existência de Deus?

A maioria das religiões, se não todas, prega a existência de uma vida após a morte e a define como um encontro com Deus. Por outro lado, sem a possibilidade de uma pós-vida, defrontamo-nos com a alternativa brutal, como escreve Milan Kundera em *A Insustentável Leveza do Ser*: "Uma vida que desaparece de uma vez por todas [...] como uma sombra, sem peso, morta de antemão, e se foi horrível, bela ou sublime, seu horror, sublimidade e beleza não significam absolutamente nada".[2]

Podemos abordar a questão da imortalidade de inúmeras maneiras. Alguns chegam ao agnosticismo – segundo o qual a única certeza que temos é a incerteza, e só saberemos o que acontece depois da morte quando nós mesmos fizermos essa viagem. Outros adotam a visão niilista ou aniquilacionista, segundo a qual não existe vida após a morte: a vida simplesmente se extingue e tudo o que nos espera no outro lado é um grande vazio de nada. Outros ainda aderem a alguma espécie de Céu e Inferno literais – a crença segundo a qual aguarda-nos uma existência de consciência e beatitude ou então de tormentos e separação de Deus – estados esses que se estendem por toda a eternidade. Outros, por fim, envolvem-se com uma multiplicidade de concepções híbridas. No judaísmo, por exemplo, o conceito de uma vida após a morte é visto como "o mundo da compreensão", no qual as realidades ilusórias da nossa existência física são desveladas.

Como podemos responder à pergunta sobre a imortalidade de uma perspectiva neurocientífica? Todo o esforço de justificar uma pós-vida ou qualquer noção de imortalidade depende de um argumento neurobiológico sobre a essência do nosso "eu". Nesse estudo, referimo-nos à mente ou alma. A pergunta é: Onde estamos "nós" dentro – e, na verdade, fora – do nosso corpo? Essa discussão começa com a anuência de que o cérebro e o corpo são fundamentalmente interdependentes. E o são também nossas tecnologias, culturas e religiões – pois constituem extensões das operações internas do cérebro projetadas para fora.

No entanto, segundo o raciocínio que venho desenvolvendo, precisamos também levar em conta a mente, que, estritamente falando, diferencia-se do cérebro. A alma/mente humana é em essência imaterial – extrassomática, se você preferir –, isto é, está além do funcionamento do corpo. Entretanto, existe algum dado objetivo que justifique o que ocorre quando são removidas as restrições biológicas da mente?

Podemos saber com segurança o que acontece conosco quando morremos?

Significado e Anatomia da Memória

Talvez a nossa pós-vida seja tão somente a da memória. Todas as lembranças se dissipam, e algumas parecem desaparecer por completo, mas há sempre uma maneira de reviver uma lembrança, de trazer um evento "de volta à vida", em certo sentido. Assim, a memória é essencial para a compreensão da natureza da imortalidade. Como disse Ewald Hering, fisiologista vienense conhecido por seus estudos sobre visão e percepção:

A memória reúne num todo único os incontáveis fenômenos conscientes da nossa existência; assim como nosso corpo se dispersaria na poeira dos seus átomos constituintes se não fosse agregado pela atração da matéria, da mesma forma nossa consciência se fragmentaria em tantas frações quantos os segundos que tivéssemos vivido caso não houvesse a força aglutinadora e unificadora da memória.[3]

A memória, em todas as suas várias formas – biológica, cultural, espiritual e psicológica – é o que mantém as coisas unidas. Sem memória, é como se a nossa história não tivesse sentido, não deixasse um legado permanente. Talvez o poeta W. B. Yeats estivesse se referindo a isso em seu profético poema de 1919 "O Segundo Advento": "As coisas se desagregam; o centro não se mantém;/Pura anarquia espalha-se pelo mundo".[4] Poderia acontecer que diferentes formas de amnésia levassem a que as coisas se desagregassem? Estamos passando por um período da história em que esquecemos quem somos? Guerras, violência indescritível, tumultos incontroláveis, racismo, sexismo e medo; seriam todos esses fenômenos sintomas de uma amnésia coletiva? E poderíamos todos encontrar redenção quando começássemos a nos lembrar novamente?

No entanto, quando se trata de acreditar em uma pós-vida, há mais em jogo do que metáforas poéticas. Devemos situar essa ideia no contexto do que sabemos a respeito das leis da conservação de energia, que estabelecem que matéria e energia podem mudar de forma, mas não podem ser destruídas ou criadas. Uma vida humana em si pode desaparecer, mas o que acontece com a energia dentro dessa vida? O que acontece com a consciência da mente de uma pessoa? Como sabemos, a energia não pode ser destruída. Por via de consequência, a energia que constitui uma vida deve continuar existindo "em algum lugar" após a morte da pessoa. E talvez esse lugar esteja em uma compreensão mais ampla da memória, não necessariamente em uma forma estritamente física, mas em alguma outra forma de energia, uma forma cambiável. Nós, seres humanos, somos muito mais do que meras sombras; e vida implica muito mais do que o simples nada. Sem dúvida, a nossa energia se dispersa depois da morte, do mesmo modo como o calor escapa da sala quando abrimos a porta da casa num dia frio. Todavia, talvez essa energia possa ser "lembrada" na nossa mente coletiva.

De uma perspectiva puramente biológica, sabemos que a memória de uma pessoa tem uma espécie de topografia. Comprimidos na estrutura tridimensional do cérebro abrigam-se mais de 100 bilhões de neurônios, 100 trilhões de sinapses e 100 trilhões de conexões, uma imensa floresta de árvores na cavidade do nosso crânio com um número maior de junções do que a quantidade de estrelas no Universo. Nossos neurônios, "a coroa da evolução", como são chamados, infundem nosso cérebro como fios microscópicos através do córtex – uma folha enrugada e úmida dobrada inúmeras vezes sobre si mesma.

A sinapse, o local fundamental do processamento de informações biológicas (imagine-a como a supervia original de informações), é a fissura extremamente diminuta onde os impulsos nervosos que transportam toda a informação da nossa existência biológica são transmitidos e recebidos, via axônios e dendritos. Essas redes criam um intrincado emaranhado de conectividade que governa nossos pensamentos e lembranças, e todos os nossos pensamentos, lembranças, nossa personalidade e todos os nossos sonhos nascem e vivem no domínio do tempo criado no sutil contato que ocorre nas centenas de trilhões de junções sinalizadoras dessas sinapses, onde cargas elétricas e minúsculas ondas de íons operam em delicado equilíbrio.

As células cerebrais no hipocampo (uma curvatura de matéria cinzenta em espiral que tem a forma de um cavalo-marinho) agem como o principal repositório e depósito da memória, onde anatomia equivale a destino. Aqui estão guardados dentro de nós os arquivos da nossa história pessoal, é a área do cérebro que registra e assimila o fluxo do tempo. Pense no hipocampo como o nosso mapa cognitivo, orientando e conectando nossas lembranças sociais – o território emocional e experiencial entre nós. Nessa pirâmide (como é descrito o hipocampo, dada a sua forma singular), o neurologista é como um cartógrafo que observa para traçar destinos memoráveis nesses mapas cognitivos. Nossas lembranças criam traços indeléveis, pegadas químicas de experiência chamadas *engramas* – impressões permanentes dentro das células cerebrais.[5] Uma lembrança específica – seu primeiro beijo, por exemplo – é codificado através de um processo conhecido como marcação sináptica. Proteínas específicas ficam "carregadas" com experiência. É a transformação dessas proteínas marcadas que nos possibilita processar o tempo dentro do cérebro.

Cada vida humana tem sua história própria, exclusivamente sua, do mesmo modo que cada cultura tem sua história única e peculiar e lembranças associadas a ela. É por isso que nós, nos Estados Unidos, celebramos o Quatro de Julho. Trata-se de comemorar um ponto fixo na nossa memória nacional. No entanto, para entender essa história, precisamos ter também um senso do tempo, como as horas de um relógio, a passagem sequencial dos eventos, como todos os eventos que nos trouxeram até onde estamos hoje enquanto nação. Podemos ter apenas uma vaga lembrança de alguns desses eventos, ou mesmo nenhuma, mas ainda assim eventos passados forjaram as circunstâncias em que nos encontramos hoje como povo, para o bem ou para o mal. Não existe vida sem tempo, e não existe tempo sem vida. Segundo o físico Julian Barbour: "O cérebro é uma cápsula do tempo. A história reside em sua estrutura".[6]

Assim, memória, tempo e história estão intimamente entrelaçados. A memória só pode existir no tempo. O tempo fornece estrutura à memória, muito à semelhança do modo como o corpo fornece estrutura aos nossos pensamentos e à nossa alma. O tempo é passado, presente ou futuro – algo aconteceu, está acontecendo ou acontecerá – e os eventos sempre ocorrem em alguma modalidade cronológica. Entretanto, a noção de que o tempo é um processo que flui direcionalmente pode ser uma ilusão programada no cérebro. Por exemplo, muitas pessoas em situações de vida ou morte percebem um ritmo alterado do tempo. Os eventos parecem acelerar ou reduzir significativamente sua velocidade. Vítimas de acidentes de trânsito às vezes dizem que "tudo parecia acontecer em câmera lenta". Isso ocorre porque o tempo é de fato uma propriedade perceptiva destituída de qualquer existência objetiva. Não existe tempo fora da consciência.

Tudo isso já constitui material suficiente sobre o qual ponderar, porém precisamos acrescentar à equação mais uma função do cérebro: o sonho. Diz o Talmude que o sono equivale a um sexagésimo da morte.[7] O que significa essa afirmação misteriosa? Ela nos dá alguma indicação da possibilidade de uma existência além do corpo físico?

Memória, Tempo e Sonhos

Os sonhos são atemporais e, não obstante, essenciais para a nossa memória. No estado de sonho, por exemplo, em que a dinâmica do sono é gerada pelo tronco cerebral inferior, não encontramos nenhuma sensação formal de tempo. A nossa mente parece abandonar toda necessidade de discriminar o "real" do "impossível". Quando dormimos, não existe causa e efeito previsível. Os estados de sonho distinguem-se da vigília pelo fato de não termos neles sensação de tempo – não existem inícios nem fins – e os termos *agora, então, antes, depois, durante, mais cedo, mais tarde* e outros semelhantes são irrelevantes para o desenrolar da narrativa ou para a experiência de quem sonha.

Freud reiterava que os sonhos são a "estrada real" para o inconsciente.[8] Ele intuía, sem o benefício das nossas ferramentas atuais para estudar o cérebro, que o fluxo de enredos teatrais era removido da dinâmica da vigília normal e que essa remoção originava-se nas profundezas da alma. Esses neurônios orientados para o sono, livres das limitações do hipocampo, eram capazes de produzir uma experiência para o cérebro que parece atemporal e mais próxima da nossa essência verdadeira, não inibida.

A perspectiva atual da neurociência é que os sonhos representam um fenômeno secundário, ou epifenômeno. Eles são como a fumaça emitida pelo motor do cérebro humano, uma descarga fortuita de energia psíquica sem nenhum valor ou sentido intrínsecos. Mas eu não concordo totalmente com esse ponto de vista, por ser demasiado reducionista e minimizar o sentido e o valor dos sonhos. O fato de considerar nossos sonhos apenas como subprodutos da exaustão motora da nossa vida cotidiana, como uma representação secundária da única ação principal e significativa, que é aquela que ocorre em nossos estados de vigília, enfraquece nossa confiança nos nossos próprios estados interiores e subjetivos e reduz o valor que damos a eles. William James advertiu contra a não aceitação da subjetividade por parte da ciência, escrevendo que a experiência individual "é infinitamente menos vazia e abstrata do que uma ciência que se envaidece de não tomar conhecimento de nada particular".[9]

Se a morte aparentemente destrói a consciência, de modo semelhante o sono a obscurece. A conexão dos nossos estados de sonho com a nossa essência espiritual, a essência que está além do tempo e livre das limitações da realidade física, é a razão por que o salmista escreve: "Quando o Senhor reconduzia os cativos de Sião, estávamos como sonhando".[10] Podemos interpretar essas palavras no sentido de que representam uma misteriosa transformação do despertar do estado de ignorância primal em vida e consciência.

Qual é a mensagem para nós? Que existe vida além de nós mesmos, uma vida que não podemos medir, quantificar nem sequer compreender com a nossa mente limitada. Podemos ter um vislumbre de uma realidade alternativa, uma espiadela através da parede guarda-fogo que obscurece a nossa visão superior quando o nosso cérebro civilizado se desconecta. Conhecemos outra realidade, além de nós mesmos, e é uma realidade saturada de sentido e verdade, inteiramente diferente daquela à qual nos habituamos. Sonhos, tempo, memória e imortalidade estão todos conectados. Mas como? Qual é o aglutinante que liga nossa existência, nossos sonhos, nossas lembranças e a nossa vida?

Na filosofia perene, nossas emoções exercem um papel fundamental no modo como vivenciamos e interpretamos o sentido da vida. Nossas conexões conosco mesmos, com o universo, são cerzidas pelo entrelaçamento de fios emocionais coloridos por entre as fibras esticadas do pensamento em preto e branco. Construímos o sentido da experiência – seu *significado* – com base em um conjunto de *valores*, todos eles transportados pelo veículo da *emoção*.[11] No enorme abismo entre a biologia mecanicista e a alma imaterial, o que sustenta a verdadeira gravidade da nossa existência são os nossos estados afetivos, não os cognitivos. Os estados de sentimento estão muito mais próximos do nosso âmago e essência, a qual é não quantificável, não determinística, irredutível e inefável – mais fundamental para o nosso senso de ser do que todas as outras "partes do corpo" somadas. Observe o que Jean-Paul Sartre escreveu sobre a "magia" dos processos emocionais na construção do que estamos acostumados a chamar de realidade: "A emoção significa, a seu modo, o todo da consciência... De um ponto de vista definido, ela expressa a totalidade humana sintética em sua inteireza".[12]

Os estados emocionais e sentimentais são um aglutinante metafórico invisível que nos une. Como o movimento na física, nossos estados de sentimento são produzidos pela ação dessa força imaterial – o significado medular do nosso ser – sobre os objetos, isto é, nossa carne e sangue. A elegante equação de Einstein, $E = mc^2$, representa a permutabilidade das facetas fundamentais que constituem a nossa realidade, provando que energia e matéria são, como diria William Wordsworth, poeta britânico do século XVIII, "profundamente entremeadas".[13] Tudo isso para dizer que somos muito mais do que o nosso corpo físico e do que podemos medir. É o coração no centro do universo, nossas emoções, que nos une não só a nós mesmos, mas também ao universo como um todo, não apenas nesta vida, mas também na vida do mundo que há de vir.

Vida Além do Túmulo?

A morte significa a perda física de um ser. Quando uma pessoa morre, sua biologia cessa, o que não quer dizer que seus sonhos, suas emoções e sua consciência também acabem. Como mencionei em capítulo anterior, meu pai sofreu um derrame quando eu tinha 19 anos. Ele era um belo homem, divertido, inteligente e dedicado à família, preocupando-se de modo especial comigo. Meus anos de adolescência foram marcados pela desorientação – experiências com drogas, viagens de carona para *shows* da banda Grateful Dead – e abandonei a faculdade para encontrar a mim mesmo. O AVC deixou meu pai profundamente incapacitado. Fora-se o homem que contava piadas recheadas de ironia e que ria de si mesmo. Foram-se as bases da minha segurança.

Depois do derrame, ele foi transferido para um hospital de veteranos, onde eu o visitava. Eram encontros penosos, pois ele já não me reconhecia. Seu companheiro de quarto era um deficiente mental que perguntava sem parar: "Alguém sabe que horas são?", e meu pai tinha de suportar isso o tempo todo. Qualquer que fosse a resposta, a pergunta era repetida dez minutos depois como se nunca tivesse sido feita. O pouco de humor que meu pai ainda conservava depois do derrame foi evocado certa tarde com o seguinte comentário: "Alguém pode fazer o favor de dar um relógio a esse homem, caramba?".

Foi quase exatamente um ano depois do AVC que meu pai faleceu, e então passei a sonhar com ele com frequência. O enredo dos meus sonhos se desenrolava quase sempre do mesmo modo: descobri que meu pai havia sido deixado em algum lugar, um depósito abandonado talvez, vivo, mas acamado e totalmente inválido; ele ficara negligenciado ou desamparado por tanto tempo que quase todas as suas faculdades mentais haviam perdido suas funções; não me reconhecia nem se dava conta de que eu era seu filho, embora eu lhe suplicasse e tentasse despertá-lo do seu estupor; e só me olhava com olhos que não mostravam nenhum sinal de reconhecimento. Palavras não conseguiriam descrever a agonia desesperada que esses sonhos suscitavam em mim, ou as aflições residuais que eu continuava a sofrer, às vezes durante dias depois de sonhar, como se meu pai de fato estivesse preso em algum lugar, incapaz de se comunicar, e eu fosse sua única esperança de salvação. Ele ficaria livre, desde que eu conseguisse alguma chave que pudesse libertá-lo.

Muitos anos depois, tive o primeiro do que se tornou um tipo diferente de sonho recorrente com meu pai, agora em um tom totalmente dissonante daqueles que eu suportara décadas antes. Nessa modalidade de sonho, eu encontrava novamente meu pobre pai em um depósito abandonado, sozinho, macilento e acamado. Eu dizia: "Estou aqui para levá-lo para casa, papai". Agora, porém, havia mais do que uma simples fagulha de consciência em seu olhar. Agora havia amor, amor por mim, seu filho. Ele me olhava com uma expressão de imenso alívio, com gratidão e bondade, e dizia: "Estive esperando por você durante muito tempo. Estou feliz agora, Jay!" Eu o levantava da cama desgastada e chorava, liberando anos de medo e angústia reprimidos, enquanto o carregava nas costas para a liberdade. Eu sentia vividamente sua presença – seus ossos salientes, seus músculos enfraquecidos, o cheiro doce e triste do seu corpo em frangalhos. E na mesma medida em que eu chorava, ele ria, como se fosse mais leve que o ar.

Até hoje, acredito que uma mudança na minha consciência me levou a uma nova percepção do meu pai e do meu relacionamento com ele.

Para Freud, o inconsciente representa um repositório de lembranças reprimidas que podem influenciar profundamente os nossos pensamentos, crenças e ações.[14] Sem dúvida, os sonhos nunca são de fato esquecidos. Eles apenas se desvanecem porque somos incapazes de relembrá-los. A energia não se perde, como mencionamos, e assim os nossos sonhos estão enterrados em algum lugar nas profundezas do nosso cérebro e da nossa mente. Esses sonhos continuam acessíveis, reais, produtivos, moldando a nossa vida de modos que normalmente se ocultam no nosso inconsciente. Não será essa uma prova que aponta para algo além da espiral de morte?

Um dia depois que tive esse sonho libertador pela primeira vez, eu me dirigia para uma conferência médica onde faria uma palestra. No entanto, obras imprevistas no caminho me desviaram da rodovia para uma estrada estadual secundária. Segui as placas de desvio alaranjadas e os carros à minha frente por algum tempo, mas enquanto revisava na minha cabeça o que iria dizer na palestra, de repente percebi que estava perdido. Fiz algumas voltas na direção em que eu imaginava localizar-se a rodovia, e então passei por um cemitério. O nome na placa acima da entrada do cemitério fez soar em mim um sino longínquo. Telefonei para minha irmã, e ela confirmou que esse era o cemitério onde papai estava enterrado. Fazia muitos anos que eu estivera lá pela última vez, e jamais teria encontrado o lugar não fosse a auspiciosa coincidência do desvio da estrada.

Entrei no pátio coberto de cascalho, estacionei e passei muito tempo tentando encontrar a pequena sepultura do meu pai. Quando finalmente me deparei com ela, sentei e fiquei olhando sua minúscula lápide e os poucos dentes-de-leão que a rodeavam, o único memorial físico, próximo, da sua vida. A lápide dizia: MARIDO, PAI E AVÔ AMOROSO. Era isso, todo o conteúdo da vida do meu pai – todas as suas esperanças e sonhos, seu casamento, filhos e netos; seu trabalho, repouso e divertimento; seus defeitos e contribuições – sintetizado em breves palavras que meus irmãos e eu havíamos escolhido muitos anos antes.

Ao relê-las, essas palavras a princípio me pareceram fracas, e me senti culpado por sua superficialidade e insustentabilidade. Mas ao tornar a lê-las e meditar sobre seu valor, compreendi que essas palavras holográficas gravadas em pedra diziam tudo o que precisava ser dito sobre meu pai. E eu podia ouvir a voz dele. Não em sons audíveis, mas de uma forma que recebi em meu coração: "Estive esperando você por tanto tempo", ele disse. "Estou muito feliz agora, Jay."

Essa foi uma experiência inefável, mas uma experiência vivida por muitas pessoas, cada uma a seu modo, e embora possa parecer um salto de fé, foi uma vivência que me convenceu da existência de uma vida após a morte. Ao refletir sobre aquele momentos no cemitério, vejo-me voltando à premissa deste capítulo – e na verdade, à premissa deste livro todo: "O que é essencial é invisível aos olhos". Morte significa perda física de um humano, mas não significa que o ser que é parte desse "ser humano" morra. A minha experiência junto à sepultura do meu pai me despertou para essa verdade. Meu pai não havia cessado de existir. Seguramente, seu corpo morrera, mas a totalidade dele mesmo – essa permanecia.

Dessa realidade, eu, um homem de ciência e um homem que se debate com a fé, estou convencido.

Uma Vida Desmemoriada

Com certa frequência, a memória é pouco confiável. Ela não está imune a doenças, lesões, operações enganosas e mesmo supressões desautorizadas. Por exemplo, tendemos a romancear o passado, e muitas vezes desenvolvemos amnésia seletiva, avaliando e escolhendo as narrativas que preferimos para descrever eventos do passado. Não fazemos isso apenas em termos pessoais, mas também culturais, como quando exaltamos os feitos das nossas guerras, por exemplo. Isso é normal e até esperado, mas a memória assume uma conduta totalmente diferente quando associada a uma doença cerebral. Em nenhum outro lugar a vulnerabilidade da memória é mais visível do que em pacientes que sofrem da doença de Alzheimer. Podemos aprender muito a respeito da nossa condição de imortalidade quando constatamos a evidente perda de memória de uma pessoa.

Proferi certa vez, em Aspen, uma palestra sobre a biologia da doença de Alzheimer. Ao término, conheci um educado estudante de budismo que perguntou se eu poderia tratar o professor dele, um monge idoso originário do Tibet. O monge se tornaria um dos pacientes a quem mais me afeiçoei e com quem mais aprendi a ser humilde. Depois de uma série de telefonemas de sua respeitosa cuidadora, o venerável monge foi por fim levado ao meu consultório. Ele adotara um único nome – Tenzin – e seu cuidador informou que o inglês dele era bastante bom.

"É uma honra conhecê-lo, senhor", eu disse ao monge.

"A honra é minha", ele respondeu, inclinando-se ao mesmo tempo que tomava minha mão entre as suas. Sorri em silêncio. Eu tivera pacientes agradecidos antes, mas nenhum se inclinara para mim, especialmente antes mesmo de atendê-los.

Eu logo percebi que Tenzin era um idoso de 70 anos muito afável, apesar da demência progressiva que, segundo a sua cuidadora monja, Ani Pema, todos imaginavam ser o mal de Alzheimer. Os mais próximos a Tenzin haviam percebido as primeiras manifestações da doença dois anos antes, e no momento todos estavam muito preocupados com a saúde dele. A enfermidade parecia estar avançando e a perda de memória se tornava a cada dia mais evidente. A comunidade precisava desesperadamente de uma avaliação e de recomendações.

Enquanto Ani Pema explicava tudo isso, reparei que Tenzin continuava a inclinar-se ao pessoal da minha equipe quando eles entravam e saíam, ou mesmo quando passavam pela porta. Ele sorria para todos, e olhava admirado e surpreso para os objetos usados no dia a dia dispostos nas prateleiras e sobre a mesa. Eu tinha consciência de que estava usando estereótipos e caindo em clichês, mas ele parecia um homem de alegria genuína e espírito puro, livre dos adereços da trivialidade e do materialismo. O que o atraía de modo particular era a fotografia das minhas filhas sobre a mesa, por isso a estendi para ele enquanto ouvia Ani Pema. Os olhos de Tenzin brilhavam enquanto ele olhava as crianças e, com a cabeça inclinada para o lado, parecia à beira de alguma lembrança prazerosa. Mas então sua fisionomia se tornou sombria como uma nuvem acima de um lago tranquilo, e eu pude perceber que a lembrança se fora.

Os exames revelaram sem a menor dúvida que ele sofria de uma redução significativa da memória de curto prazo, sinal de um diagnóstico de Alzheimer. Programei uma série de avaliações subsequentes e pude confirmar esse diagnóstico com algum grau de certeza. Nesse período, fiquei muito mais próximo de Tenzin e inclusive aguardava suas visitas com certa ansiedade, algo que, confesso, eu não diria a respeito de todos os pacientes que atendi. Sempre procuro ser o mais objetivo possível com meus pacientes – um médico muito emocional e envolvido não é bom para ninguém. Mas a própria Ani Pema pôde perceber que foi muito difícil para mim entregar o diagnóstico a esse homem especial. Tenzin era seguramente venerado e havia tocado milhares de pessoas com seus ensinamentos sobre o *dharma*. Para mim, no entanto, não havia dito uma única palavra sequer sobre budismo. Em uma verdadeira atitude zen, ele apenas "era". Ele estava contente com sua existência. Esse modelo de um ser gentil, inteligente, me tornou de algum modo uma pessoa melhor apenas pelo fato de estar em contato com ele.

É sempre difícil comunicar os resultados de um diagnóstico de Alzheimer a um paciente e seus familiares. A perda da capacidade de lembrar é uma das atribulações mais temidas que podemos sofrer. Muitos chamam a doença de Alzheimer de "cruel", talvez com razão. Conforme muitos de nós pensamos e sentimos, a nossa identidade e o nosso senso do "eu" dependem totalmente das recordações dos eventos da vida, da nossa história e de como ela nos define. A doença de Alzheimer rouba a individualidade de suas vítimas. Sem lembranças relativamente estáveis, debatemo-nos com a questão da identidade: Quem somos nós e onde estamos? Todas as alegrias e vicissitudes que constituem a nossa vida, as nossas amizades, amores e perdas, tudo o que um dia vivemos como um fluxo constante à frente da nossa vida é arrastado como muitos fragmentos de cascas levadas e largadas pela inexorável ressaca dessa doença. E o que é pior, durante algumas dessas ondas, temos consciência de que a doença está nos acometendo, pois ela se manifesta aos poucos, antes que as vagas inclementes se transformem em tsunami. Como crianças com mãos muito pequenas, muito escorregadias para segurar, e a correnteza muito forte, nossas lembranças podem ser percebidas enquanto desaparecem nas profundezas do oceano. Podemos ouvi-las por algum tempo. Podemos ver seus braços acenando. E então sumiram. E quando nossas lembranças se foram, também nós desaparecemos. Postados na praia do esquecimento, totalmente sozinhos, estranhos até para nós mesmos. Memória é ego, e sem ego não existe eu. Assim, na ausência da memória, o ego também se dissipa. A tragédia sem igual do mal de Alzheimer é que ele arrebata de suas vítimas sua natureza singular, apagando o disco rígido da memória que armazena a "identidade memorial" no cérebro. O paradoxo óbvio, porém, em um caso como o do budista Tenzin, que professa a crença de que o ego é uma ilusão que se deve de alguma forma transcender, sintetiza-se nesta pergunta: Qual o propósito de se resistir à dissolução das lembranças de sofrimento ou prazer? O objetivo supremo de um budista é o Nirvana, a libertação da mente – nada de desejos, nada de anseios, nada de esforços de vida intelectual. Isso representa purificação absoluta e iluminação. Como Buda ensinou a seus alunos:

> Quando a ignorância é abandonada e o verdadeiro conhecimento surgiu em um *bhikkhu* (monge), então, com a dissipação da ignorância e o surgimento do verdadeiro conhecimento, ele não mais se apega a prazeres sensoriais, não mais se apega a opiniões, não mais se apega a regras e observâncias, não mais se apega a uma doutrina do ego. Quando não se apega, ele não se agita. Quando não se agita, ele alcança pessoalmente o *Nibbana* [Nirvana].[15]

Tenzin parecia compreender esse paradoxo, e até segui-
-lo. Ele parecia perfeitamente à vontade com o fato de que seu
cérebro estava pegando carona com um processo doentio que
insistiria – com a força máxima da biologia – que essas ilusões
se desvaneceriam sem seu esforço.

Na terceira visita, realizei outra bateria de exames. A essa
altura, Tenzin havia começado a confundir e misturar os períodos de tempo e as pessoas à sua volta, como em geral
acontece com os pacientes de Alzheimer. O que chamava atenção, porém, é que esses relacionamentos se assentavam essencialmente não em lembranças de ressentimento, mas de
compaixão e afeto. Depois de uma conversa com Ani Pema,
preparei-me para explicar a Tenzin seu diagnóstico e suas implicações em detalhes. Ele sentou-se à minha frente, do outro
lado da escrivaninha, sorrindo como sempre. Fiz todo o possível para explicar em termos leigos o que estava acontecendo
com seu cérebro. Seus olhos demonstravam que o cérebro
estava totalmente concentrado em nosso diálogo, e os seus
acenos de cabeça coerentes e a elevação das sobrancelhas me
diziam que ele não interpretava erroneamente nenhum aspecto importante. Quando terminei meus esclarecimentos sobre
o processo do Alzheimer, perguntei ao idoso o que ele havia
entendido e o que ele imaginava que esse diagnóstico implica-
ria para ele, para sua vocação, seu chamado e seu futuro. Sua
resposta me surpreendeu.

"Está bem assim; tudo bem. Ninguém deveria se preocupar com isso", ele disse.

Voltei-me para Ani Pema para ter certeza de que eu havia ouvido direito. Ela sussurrou alguma coisa para Tenzin e ele respondeu murmurando em uma língua que não era inglês, e os dois voltaram a olhar para mim. Ani Pema disse: "Ele diz que lhe é agradecido por sua assistência, dr. Lombard, mas que não é preciso pensar que haja algo necessário a fazer".

"Mas por quê?", perguntei.

O monge estendeu bem os braços, o braço coberto pelo manto e o braço descoberto, parecendo ter apenas uma asa amarela. "Agora – tudo", ele disse. "Bonito – e novo. Tudo o que eu vejo. Sim, tudo muito lindo."

Ele parecia quase feliz, definitivamente contente, como deve ter sido quando era menino, seguro e despreocupado ao lado da mãe em sua aldeia. Eu nunca ouvira falar de um diagnóstico de Alzheimer que causasse uma reação tão paradoxal, tão humilde e tão aquiescente como essa.

Após o expediente daquele dia, Tenzin, eu e um amigo meu, professor de filosofia, fizemos um passeio à beira de um lago próximo ao meu consultório. Era um dia frio de inverno e o lago estava congelado. O meu interesse era aprender mais sobre budismo, especialmente de um professor venerado como Tenzin.

"Não, eu não estou preocupado em perder a memória", disse Tenzin. "Essa é uma oportunidade e não uma deficiência. Ela me possibilita experimentar tudo isso sem disfarces. A memória é como essas nuvens que cobrem o lago, de modo que não podemos ver seu verdadeiro reflexo. Agora vejo tudo, e tudo é muito bonito aqui."

Infelizmente, o dia junto ao lago acabou sendo um dos últimos de paz na vida de Tenzin. A cada visita de acompanhamento, essa forma de iluminação biologicamente assistida se parecia mais e mais a um pesadelo, obscurecida pelas realidades comportamentais cotidianas que a doença havia forjado. Tenzin tornou-se "difícil", de acordo com Ani Pema. Informação após um mês: ficou andando à noite. Do mês seguinte: recusou-se a se vestir e a comer. Logo começou a rejeitar até os medicamentos essenciais. Por fim, passou a contrariar seus próprios cuidadores leais. Nas visitas de acompanhamento seguintes, tivemos de abordar essas questões diretamente.

"Nada importante", ele disse em defesa conclusiva da sua postura, quase à semelhança de Buda.

"Mas o senhor não deveria pensar na decisão de parar de cuidar de si mesmo no que se refere às pessoas que ama?", perguntei. "Não estão todas elas consternadas com seu desejo reduzido de viver? Não estão todas elas ligadas ao senhor em nosso processo continuado e mútuo de vida?"

Ele meneou a cabeça solenemente diante dessas palavras.

Meu ego sorriu e acrescentou: "Então o senhor vai concordar em comer e tomar os seus remédios?"

Ele concordou novamente com aceno da cabeça.

"E mais uma coisa", disse Ani Pema. Encabulada, com a cabeça baixa, ela sussurrou para mim: "Ele não se limpa".

"O senhor está se esquecendo de se limpar no banheiro?", perguntei-lhe.

"Não", ele disse, aproximando-se do ouvido de Ani Pema. Ela se encolheu, visivelmente embaraçada. Com um leve estalar de dedos, ele sinalizou que ela devia traduzir.

"Ele diz que vê Buda [...] em toda parte."

"Entendi", eu disse, e aproveitei essa resposta como uma oportunidade para testar um pouco mais minhas habilidades com paradoxos zen: "Venerável senhor, se Buda está em toda parte, inclusive no seu papel higiênico, a própria realização dessa simples obrigação todos os dias pode ser considerada como um ato de santidade".

Tenzin sorriu, apreciando o estilo *koan* da nossa conversa. Ele parecia entender que seu encontro pessoal com a doença de Alzheimer não era o proverbial "som de apenas uma mão batendo palmas" – ele estava influenciando também os que o rodeavam. Ele deixou o consultório aquele dia concordando em obedecer aos pedidos dos seus cuidadores, e eu me senti satisfeito por obter uma pequena vitória.

Mas, que lástima! Ele esqueceu esse acordo quase imediatamente, e seus comportamentos problemáticos se intensificaram ainda mais. Tenzin, como todos o conheciam e como ele havia conhecido a si mesmo durante sete décadas, estava sendo arrastado pela correnteza. Ninguém ao seu redor conseguia mais lidar com racionalidade e paciência com suas emoções e consequentes comportamentos. Precisávamos tratar deles com farmacologia. Mas as drogas empregadas para controlar o Alzheimer são limitadas e, nos meses seguintes, a memória de Tenzin aos poucos se desintegrou ainda mais. Tive a impressão de que alguma força impiedosa havia tomado o livro da sua vida, rasgado as páginas, as amassado e posto fogo nelas. Com essa degeneração da narrativa do eu, sua conduta tornou-se quase um estado incontrolável. Esse que uma vez fora um dócil santo homem embrenhou-se em um estado às vezes hostil e raivoso. Em resumo, ele não era mais Tenzin.

A Integridade da nossa Vida

A doença de Alzheimer é um descolamento das nossas junções implícitas, um desmembramento em vez de um lembramento. Nesse mal, a irremediável perda da memória e a desconexão orgânica com o passado talvez não sejam somente uma enfermidade física do cérebro, mas uma doença existencial da alma. Concordo sinceramente com o papa Francisco quando diz que estamos sofrendo de uma forma espiritual da doença de Alzheimer.[16] Com efeito, ela parece implicar uma disposição inadmitida de purgar o registro memorial da nossa história sombria, das nossas transgressões e orientações equivocadas, e de enterrar organicamente as nossas piores propensões. Será tão despropositado levar em consideração um mecanismo de degeneração social da memória, rejeitada pela nossa exposição a tanta violência desenfreada e incessante, de modo que as nossas duas únicas opções sejam uma perda total da sensibilidade (entorpecimento, dissociação, irresponsabilidade) ou um retorno a um estado de guerra indiscriminada dentro de nós ou entre nós mesmos?

A integridade da nossa vida interior está sem dúvida sendo corroída pelas tecnologias que levam muitos de nós a viver a vida em uma realidade virtual, enquanto a nossa mente e coração verdadeiros definham e morrem de fome. Um número incalculável de pessoas depende hoje quase que exclusivamente de relacionamentos baseados em um universo digital em que multidões de "eus" vivem a vida em isolamento virtual – separados e radicalmente desconectados – um mundo em que *amigo* se tornou um termo com pouco ou nenhum sentido. Mesmo quando a internet nos oferece oportunidades de aproximação, podemos dizer que essa nova era também nos separou e nos distanciou de interações verdadeiras e significativas. Estendemos os nossos fios tênues, mas eles se prendem a alguma coisa ou a alguém? A ironia de viver em um tempo de "metaenleamento" e conectividade é que grande parte do que vem sendo urdido é isolamento radical. Essa é a dispersão e a desvalorização das centelhas divinas que existem em todas as coisas, a rejeição do significado de outras vidas criadas por Deus com propósito.

Como encontrar novamente o caminho de volta para casa? Como a preservação ou mesmo a ressurreição da memória está ligada à nossa redenção? A neurociência pode nos oferecer algumas ideias sobre a relação da memória com a nossa existência imaterial e com a possibilidade de uma vida após a morte?

Ideias persistem em nosso cérebro e se dispersam por outras mentes como memes. Memes são o pólen do pensamento humano; eles se reproduzem em nosso cérebro, apesar de sermos incapazes de quantificá-los. Vemos provas da capacidade de reprodução de memes sempre que nos percebemos repetindo frases-padrão como "afinal de contas". Os memes da memória são uma forma de propaganda neurológica – o legado da experiência sentinela que, uma vez enraizada, pode acender-se e espalhar-se tecnologicamente com base em vetores como as mídias sociais. Grandes figuras da história são imortalizadas em nosso cérebro como memes – como Don DeLillo escreveu, essas vidas são "estrelas mortas que ainda brilham porque sua luz está presa no tempo".[17]

A lembrança das nossas origens comuns, a evolução da nossa mente e a liberdade de determinar o nosso destino podem nos dar confiança. O que podemos escolher lembrar de modo especial? "Como se a razão fosse a única forma pela qual pudéssemos aprender!", proclamou Pascal.[18] Que memes são tão urgentes a ponto de nossa vida depender da nossa capacidade de reencarná-los? É simplesmente a experiência e a lembrança do amor que podem nos dar a segurança a que aspiramos em um mundo que, por outro lado, é efêmero, brutal e contingente? Como as forças ubíquas da gravidade, o amor nos agrega e nos torna coesos; ele infunde ordem e sentido na nossa mente e no nosso cérebro. Ele pode nos parecer um espaço vazio, invisível e imensurável, impenetrável para os nossos sentidos físicos, mas felizmente temos a capacidade de recuperar uma luz diminuta em nossos fragmentos sencientes, embora dispersos, e, uma vez juntos, essa recuperação pode acender a luz do Todo fundamental. É uma luz imortal que não se extingue. Ela reside fora do tempo.

Uma percepção mística judaica antiga destaca-se como um relato da criação. A crônica desdobra-se deste modo: com o objetivo de abrir espaço para o universo da sua infinita criação num universo físico finito, Deus teve de "contrair" seu Eu Divino, ocultando a sua essência.[19] Assim, com esse recolhimento celestial, foi preciso conter e esconder a Luz Divina por algum tempo, pois ainda não havia espaço para ela no Universo. Por isso, Deus a depositou temporariamente em vasos especiais, que acabaram se quebrando, incapazes de conter a energia divina, espalhando-a assim pelo novo Universo.

A realidade oculta é que somos centelhas divinas "não meramente de uma porção da existência inteira, mas em certo sentido do todo".[20] A nossa criação singular é o modo encontrado por Deus para escolher o meio de expressão da sua vontade, a nossa existência. Através das nossas ações humanas individuais e coletivas, como almas em corpos, temos a capacidade e a responsabilidade de recuperar esses fragmentos dispersos de luz – esse amor – e reintegrá-los na nossa existência. É somente assim, com a realização através da ação, que a nossa essência é imortal. Esse elemento essencial de quem somos, esse elemento essencial que é parte de Deus.

É assim que a memória leva à redenção:[21] existimos por causa de Deus, e Ele existe de modos tangíveis através de nós. Vislumbrando a Mente de Deus – o fato de que a nossa existência está contida no pensamento de um ser transcendente – podemos estar seguros de que continuaremos a viver através dele.

Abre-se com isso uma enorme possibilidade. Nas palavras de quase toda tradição veneranda, devemos – e não há espaço para concessões – amar o nosso próximo como a nós mesmos. Devemos ver que o nosso próximo é um conosco e um com Deus. Fomos postos aqui na terra por uma razão. O nosso propósito nasce na nossa biologia. As concepções que temos de Deus não existem para promover rivalidades internas ou para nos separar.

Muito pelo contrário – e isso penetra profundamente em todas as nossas lembranças coletivas –, Deus nos entretece seres humanos unidos no amor. É uma lembrança que retrocede até a criação do Universo.

E é no amor que vivemos para sempre.

Notas

Capítulo 1: A Mente de Deus

1. Stephen Hawking, *A Brief History of Time: From the Big Bang to Black Holes* (Nova York: Bantam Books, 1988), p. 175. Iniciar uma obra com o título *A Mente de Deus* é difícil e complicado, por isso é com humildade que exponho minhas ideias sobre o assunto.

2. Ipsos Global @dvisory, "Supreme Being(s), the Afterlife and Evolution", http://www.ipsos-na.com/news-polls/.

3. Antoine de Saint-Exupéry, *The Little Prince*, trad. Katherine Woods (1943; repr. Waterville, ME: Thorndike Press, 2005).

4. David Chalmers, *The Conscious Mind: In Search of a Fundamental Theory* (Oxford: Oxford University Press, 1996), p. xiii. Chalmers cunhou a expressão "difícil problema da consciência" para descrever o hiato entre materialismo e consciência. Para ele, não existe evidência não física para a existência da alma.

5. "Thomas Nagel: Thoughts Are Real", *New Yorker*, 16 de julho de 2013; Thomas Nagel, *Mind and Cosmos: Why the Materialist Neo*

Darwinian Conception of Nature Is Almost Certainly False (Oxford: Oxford University Press, 2012).

6. Max Planck, Albert Einstein e James Murphy, "Epilogue: A Socratic Dialogue", *in Where Is Science Going? The Universe in the Light of Modern Physics*, trad. James Murphy (Nova York: W. W. Norton, 1932).

7. John Polkinghorne, *The Polkinghorne Reader: Science, Faith and the Search for Meaning*, org. Thomas Jay Oord (Londres: SPCK and Templeton Foundation Press, 2010).

8. *Ibid.*

9. Immanuel Kant, *Critique of Pure Reason*, trad. Norman Kemp Smith (1781; repr. Nova York: St. Martin's Press, 1965), p. 521.

10. Thomas Moore, *Care of the Soul: A Guide for Cultivating Depth and Sacredness in Everyday Life* (Nova York: HarperCollins, 1994), p. xix.

11. Jonathan Sacks, *The Great Partnership: Science, Religion, and the Search for Meaning* (Nova York: Schocken Books, 2011).

O livro do rabino Sacks é um estudo minucioso sobre a ciência e a fé enquanto sistemas integrados e não discrepantes. Com essa obra, Sacks recebeu o Templeton Award em 2016.

12. Simon Jacobson, *Toward a Meaningful Life: The Wisdom of the Rebbe Menachem Mendel Schneerson* (Nova York: HarperCollins, 1995).

Menachem Mendel Schneerson, mais conhecido como o Rebe, foi o dileto líder do movimento Lubavitcher. Rebe dedicou toda a sua existência ao fortalecimento da vida da alma e à missão de ser um catalisador da relação de cada indivíduo com Deus, inclusive a minha própria. Enquanto escrevia as notas de rodapé, esse livro ajudou a esclarecer as minhas crenças e a cultivar o sagrado em minha vida. Sou agradecido ao rabino Jacobson por escrever uma obra tão essencial.

Capítulo 2: Deus Existe?

1. T. S. Eliot, "Choruses from 'The Rock'", *in The Complete Poems and Plays* (Nova York: Harcourt Brace, 1971), p. 96.

2. Iain McGilchrist, *The Master and His Emissary: The Divided Brain and the Making of the Western World* (New Haven e Londres: Yale University Press, 2009). Para os leitores interessados em saber como o cérebro humano modelou o pensamento religioso, a linguagem e os sistemas de crença ao longo do tempo, este livro é leitura essencial. McGilchrist é professor de psiquiatria e seu livro analisa a dicotomia inerente do nosso cérebro e o modo como cada hemisfério oferece seu próprio construto particular da realidade.

3. Gabriel Anton, "On Focal Diseases of the Brain Which Are Not Perceived by the Patient", conferência, Sociedade de Físicos da Estíria, Áustria, 20 de dezembro de 1897.

4. Andrew Newberg, "Cerebral Blood Flow During Meditative Prayer: Preliminary Findings and Methodological Issues", *Perceptual and Motor Skills 97*, nº 2 (outubro de 2003): pp. 625-30.

5. Paul Ekman e Richard J. Davidson, orgs., *Nature of Emotion: Fundamental Questions, Series in Affective Science* (Nova York: Oxford University Press, 1994).

6. McGilchrist, *The Master and His Emissary*.

7. Brandon Carter, "Large Number Coincidences and the Anthropic Principle in Cosmology", *in Confrontation of Cosmological Theories with Observational Data*, org. por M. S. Longair Proceedings of the Symposium, Krakow Poland, 10 a 12 de setembro de, 1973 (Dordrecht: D. Reidel Publishing, 1974), pp. 291-98; publicado mais tarde em *General Relativity and Gravitation 43*, nº 11 (novembro de 2011): pp. 3225-233.

8. Tim Folger, "Does the Universe Exist If We're Not Looking?", *Discover*, junho de 2002.

9. Ronald H. Nash, *The Light of the Mind: St. Augustine's Theory of Knowledge* (Lexington, KY: University Press of Kentucky, 1969).

10. Michael Mayne, *The Sunrise of Wonder: Letters for the Journey* (Londres: Fount Paperbacks / HarperCollins, 1995), p. 112.

11. Aldous Huxley, *The Perennial Philosophy* (Nova York: Harper Perennial, 2004). [*A Filosofia Perene*, publicado pela Editora Cultrix, São Paulo, 1991. (Fora de catálogo)]

12. Giacomo Rizzolatti, Leonardo Fogassi e Vittorio Gallese, "Neurophysiological Mechanisms Underlying the Understanding and Imitation of Action", *Nature Reviews Neuroscience* 2, nº 9 (setembro de 2001): pp. 661-70.

Dr. Rizzolatti é neurofisiologista e professor na Universidade de Parma, na Itália. Ele descobriu os neurônios-espelho durante uma pesquisa sobre a representação neural dos movimentos motores. Os neurônios-espelho podem explicar por que somos capazes de "ler" a mente de outras pessoas e de entrar em empatia.

13. Simon Baron-Cohen, "Precursors to a Theory of Mind: Understanding Attention in Others", *in Natural Theories of Mind: Evolution, Development, and Simulation of Everyday Mindreading*, org. por Andrew Whiten (Oxford: Basil Blackwell, 1991), pp. 233-51.

14. David Constantine, "Science Illustrated: They Look Alike, but There's a Little Matter of Size", *New York Times,* 15 de agosto de 2006.

Capítulo 3: Neurociência da Alma

1. Isaac Newton, *Mathematical Principles of Natural Philosophy*, trad. Andrew Motte, revisto por Florian Cajore, Great Books of the Western World 34 (Chicago: Encyclopedia Britannica and William Benton, 1952).

Isaac Newton foi um dos maiores cientistas de todos os tempos e também um homem de fé fervorosa. Embora seja conhecido por suas descobertas relacionadas à gravidade e ao movimento, Newton era adepto do misticismo religioso, inclusive da Cabala, na qual encontrava conceitos relativos à natureza do Universo.

2. Daniel Dennet, *The Atheism Tapes*, parte 6, documentário televisivo da BBC apresentado por Jonathan Miller, produzido por Richard Denton, gravado em 2003 e transmitido em 2004.

3. Hermann Helmholtz, "Concerning the Perceptions in General", *in Treatise on Physiological Optics*, org. por James P. C. Southall, 3ª ed., vol. 3 (1866; repr., Nova York: Dover, 1962).

Hermann Ludwig Ferdinand von Helmholtz foi um cientista alemão do século XIX a quem são atribuídos avanços importantes no campo científico, inclusive os relacionados às leis da conservação na física e na biologia. Helmholtz procurava uma base para a energia neuronal a partir dos princípios da conservação de energia, e suas descobertas constituem o fundamento das ideias de Sigmund Freud sobre o funcionamento da mente, e mais recentemente das de Karl Friston. Helmholtz também desenvolveu o oftalmoscópio.

4. Karl J. Friston e Klaas E. Stephan, "Free-Energy and the Brain", *Synthese* 159, nº 3 (2007): pp. 417-58.

Karl Friston é o diretor científico do Wellcome Trust Centre for Neuroimaging. É um dos neurocientistas de maior proeminência no mundo, sendo mais conhecido por seu trabalho sobre o desenvolvimento de padrões internacionais para analisar dados do cérebro obtidos através de imagens. Friston também escreveu extensamente sobre as bases neurocientíficas da obra original de Freud sobre a biologia das emoções. O cérebro é um sistema auto-organizado trabalhando constantemente para manter a homeostase ou equilíbrio fisiológico. Nossos pensamentos, crenças e ações são programados para reduzir a incerteza e o imprevisível.

Karl J. Friston, "The Free Energy Principle: A Unified Brain Theory?", *Nature Reviews Neuroscience* 11, n⁰ 2 (2010): 127-38.

5. K. O. Lim e J. A. Helpern, "Neuropsychiatric Applications of DTI – A Review", *NMR in Biomedicine* 15, n⁰ˢ 7 e 8 (2002): pp. 587-93.

ITD – Imagem por Tensor de Difusão – é uma tecnologia de imagem do cérebro ainda incipiente que avalia o movimento da água no cérebro. Está sendo cada vez mais utilizada para lesões cerebrais traumáticas e outros distúrbios em que estudos tradicionais do cérebro por imagem podem não revelar a extensão do traumatismo cerebral.

6. Wilder Penfield, *The Mystery of the Mind: A Critical Study of Consciousness and the Human Brain*, Princeton Legacy Library (Princeton, NJ: Princeton University Press, 1978), pp. 80-1.

7. *Ibid.*

8. David Bohm, *Wholeness and the Implicate Order* (Londres: Routledge and Kegan Paul, 1980). [*A Totalidade e a Ordem Implicada*, publicado pela Editora Cultrix, São Paulo, 1992. (Fora de catálogo)]

9. G. W. F. Hegel, *Phenomenology of Spirit*, trad. A. V. Miller (Oxford: Oxford University Press, 1977), p. 420.

10. "A luz de Deus é a alma do homem", Provérbios, 20,27.

11. Adin Steinsaltz, *The Thirteen Petalled Rose: A Discourse on the Essence of Jewish Existence and Belief* (Nova York: Basic Books, 1980).

Capítulo 4: Evolução da Fé e da Razão

1. Ludwig Wittgenstein, *Tractatus Logico-Philosophicus* (Nova York: Harcourt Brace and Company, 1922).

2. *The Martin Buber Reader: Essential Writings*, org. por Asher Biemann (Nova York: Palgrave Macmillan, 2002).

3. Adam Cohen, "Can Animal Rights Go Too Far?", *Time*, 14 de julho de 2010, http://content.time.com/time/nation/article/0,8599,2003682,00.html.

4. Rachel Hartigan Shea, "Q&A: Pets Are Becoming People, Legally Speaking", *National Geographic*, 7 de abril de 2014, http:// news.nationalgeographic.com/news/2014/04/140406-pets-cats-dogs-animal-rights-citizen-canine/.

5. Charles Darwin, *The Descent of Man* (Londres: John Murray, 1871), v. 1, p. 168.

6. Tamara B. Franklin et al., "Epigenetic Transmission of the Impact of Early Stress Across Generations," *Biological Psychiatry* 68, nº 5 (2010): pp. 408-15.

7. McGilchrist, *The Master and His Emissary*.

8. *The Selected Poetry of Rainer Maria Rilke*, trad. Stephen Mitchell (Nova York: Vintage, 1982).

9. Stuart Kauffman, *Reinventing the Sacred: A New View of Science, Reason, and Religion* (Nova York: Basic Books, 2008), pp. 129-30.

10. Sacks, *The Great Partnership*.

11. A expressão "brado bárbaro" vem do poema "Canção de Mim Mesmo", de Walt Whitman, em *Leaves of Grass* (1855; repr. Filadélfia: Sherman & Co., 1990).

12. Êxodo 4,10.

13. John Milton, *Paradise Lost*, livro 7, linhas 176-79.

14. *Ibid.*, livro 1, linhas 254-55.

15. Martin Buber, "The Faith of Judaism", *in The Martin Buber Reader: Essential Writings*, ed. Asher D. Biemann (Nova York: Palgrave Macmillan, 2002), p. 99.

16. *Ibid.*

Capítulo 5: Qual É o Sentido da Vida?

1. Sacks, *The Great Partnership*, p. 37.

2. Viktor Frankl, *Man's Search for Meaning*. Publicação original de 1946.

3. Paul Bignell, "42: The Answer to Life, the Universe and Everything", *Independent*, 5 de fevereiro de 2011, http://www.independent.co.uk/life-style/history/42-the-answer-to-life-the-universe-and-everything-2205734.html.

4. Erwin Schrodinger, *What Is Life? With Mind and Matter* (Cambridge, UK: Cambridge University Press, 1944).

5. Gerald Edelman, *Neural Darwinism: The Theory of Neuronal Group Selection* (Nova York: Basic Books, 1987).

6. Martin H. Teicher et al., "Childhood Neglect Is Associated with Reduced Corpus Callosum Area", *Biological Psychiatry* 56, nº 2 (2004): pp. 80-5.

7. Sigmund Freud, *Beyond the Pleasure Principle, in The Essentials of Psycho-Analysis: The Definitive Collection of Sigmund Freud's Writing*, trad. James Strachey (Londres: Penguin Books, 1991).

Apesar do equívoco comum de que Freud teria impregnado de mitos gregos resgatados, o fato é que ele construiu um modelo da mente humana em termos de forças biológicas que foi validado pela neurociência. Uma delas está no seu conceito de "desejo de morte", que descreve a força da autoaniquilação no cérebro e que tem sua comprovação no processo hoje conhecido como apoptose.

8. O Prêmio Nobel em Fisiologia ou Medicina foi concedido conjuntamente a Sydney Brenner, H. Robert Horvitz e John E. Sulston em 2002 "por suas descobertas relativas à regulação genética do desenvolvimento de órgãos e da morte cerebral programada". Nobelprize.org.

9. Andrew G. Renehan, Catherine Booth e Christopher S. Potten, "What Is Apoptosis, and Why Is It Important?", *British Medical*

Journal 322, n⁰ 7301 (2001): pp. 1536-538, http://www.ncbi.nlm. nih.gov/pmc/articles/PMC1120576.

10. J. J. Miguel-Hidalgo et al., "Apoptosis-Related Proteins and Proliferation Markers in the Orbitofrontal Cortex in Major Depressive Disorder", *Journal of Affective Disorders* 158 (2014): pp. 62-70.

11. Palavras atribuídas a Mahatma Gandhi, citadas em Taro Gold, *Open Your Mind, Open Your Life: A Little Book of Eastern Wisdom* (Kansas City, MO: Andrews McMeel Publishing, 2001).

12. "Heart Disease: It's Partly in Your Head", *Harvard Heart Letter*, março de 2014, Harvard Health Publications.

13. Salim S. Virani et al., "Takotsubo Cardiomyopathy, or Broken-Heart Syndrome", *Texas Heart Institute Journal* 34, n⁰ 1 (2007): pp. 76-9.

14. Blaise Pascal, *Pensées*, trad. A. J. Krailsheimer (Londres: Penguin Books, 1966), p. 423.

15. Maimonides, Code of Law, Laws of Repentance 3-4.

Capítulo 6: Somos Livres?

1. Arthur Schopenhauer, *The World as Will and Representation*.

2. Yosef Y. Jacobson, "On the Essence of Freedom", Weekly Torah, Kabbalah Online, http://www.chabad.org/kabbalah/article_cdo/ aid/3182099/jewish/On-the-Essence-of-Freedom.htm.

3. Hippocrates, *The Genuine Works of Hippocrates*, trad. Francis Adams (Londres: Sydenham Society, 1849), v. 2, p. 344-45.

4. Jean-Paul Sartre, *Existentialism Is a Humanism*, trad. Carol Macomber (New Haven, CT: Yale University Press, 2007).

Esse importante livro, publicado pela primeira vez em 1946, versa sobre a perspectiva do existencialismo e sobre nossa capacidade inerente de autocriação.

5. Walter Isaacson, *Einstein: His Life and Universe* (Nova York: Simon and Schuster, 2007).

6. Rabbi Daniel Lapin, *Thought Tools*, nº 16, 17 de abril de 2008, http://www.rabbidaniellapin.com/thoughttools/TT1641708.pdf.

7. Benjamin Libet, Curtis A. Gleason, Elwood W. Wright e Dennis K. Pearl, "Time of Conscious Intention to Act in Relation to Onset of Cerebral Activity (Readiness Potential): The Unconscious Initiation of a Freely Voluntary Act", *Brain* 106, pt. 3 (1983): pp. 623-42.

No início dos anos 1980, Libet descobriu que um potencial de prontidão (PP) sobre posições centrais do escalpo começa, em média, algumas centenas de milissegundos antes do tempo registrado de consciência da vontade de mover (V). Mais tarde, Patrick Haggard e Martin Eimer não encontraram correlação entre o tempo do PP e V, sugerindo que o PP não reflete processos causais de V. Essa conclusão tem implicações significativas para argumentos sobre livre-arbítrio e o papel causal da consciência. (Patrick Haggard and Martin Eimer, "On the Relation Between Brain Potentials and the Awareness of Voluntary Movements", *Experimental Brain Research* 126, nº 1 [1999]: pp. 128-33.)

8. William James, "The Dilemma of Determinism", *in Philosophers of Process*, org. por Douglas Browning e William T. Myers (Nova York: Fordham University Press, 1998).

9. Malcom Gladwell, *Blink: The Power of Thinking Without Thinking* (Nova York: Little, Brown and Company, 2007), p. 58.

10. S. Pockett, "On Subjective Back-Referral and How Long It Takes to Become Conscious of a Stimulus: A Reinterpretation of Libet's Data", *Consciousness and Cognition* 11, nº 2 (2002): pp. 144-61.

Os dados originais apresentados por Benjamin Libet e colegas são reinterpretados, levando em conta a simplificação experimentalmente demonstrada no primeiro da sua série de artigos. Revela-se que os dados originais sustentam igualmente bem ou até melhor um conjunto de conclusões bem diferente das obtidas por Libet. As novas conclusões são que bastam apenas 80 ms (em vez de 500 ms) para que os estímulos cheguem à consciência, e que a "contrarreferência subjetiva de sensações no tempo" para o tempo do estímulo não ocorre (ao contrário da interpretação original que Libet faz dos seus resultados).

11. Angus Menuge, "Does Neuroscience Undermine Retributive Justice?", *in Free Will in Criminal Law and Procedure,* org. por Friedrich Toepel, Proceedings of the 23rd and 24th IVR World Congress, Kraków 2007 and Beijing 2009 (Stuttgart: Franz Steiner Verlag, 2010), pp. 73-94.

12. Massimo Pigliucci, "Is Science All You Need?", Philosophers' Magazine 57 (segundo trimestre de 2012): pp. 111–12, http://philpapers.org/archive/PIGISA.

13. Itzhak Fried, "Internally Generated Preactivation of Single Neurons in Human Medial Frontal Cortex Predicts Volition", *Neuron* 69, nº 3 (2011): pp. 548-62.

14. Richard Dawkins, *The God Delusion* (Nova York: Houghton Mifflin, 2006), p. 213.

Dawkins discute a evolução e rejeita a noção de que tudo o que existe é "irredutivelmente complexo". Ateísta reconhecido, ele acredita que nossa existência é um retorno infinito de materialismo: "São tartarugas o tempo todo". Mas o que Dawkins é incapaz de varrer para debaixo do tapete é a consciência humana, onde as leis do reducionismo não se aplicam. Os mecanismos biológicos e físicos da consciência dispensam uma explicação naturalista.

15. John C. Eccles, *Evolution of the Brain: Creation of the Self* (Oxford: Taylor & Francis, 1991).

16. Martha Stout, *The Sociopath Next Door* (Nova York: Broadway Books, 2005).

17. Simon Baron-Cohen, "Precursors to a Theory of Mind: Understanding Attention in Others", *in Natural Theories of Mind: Evolution, Development and Simulation of Everyday Mindreading*, org. por Andrew Whiten (Oxford: Basil Blackwell, 1991), pp. 233-51; Simon Baron-Cohen, "Autism: A Specific Cognitive Disorder of 'Mind-Blindness'", *International Review of Psychiatry* 2, nº 1 (1990): pp. 81-90.

Simon Baron-Cohen é professor de psicopatologia do desenvolvimento na Universidade de Cambridge e diretor do Centro de Pesquisa do Autismo. Baron-Cohen teorizou que o autismo é uma deficiência da teoria da mente. Todos temos uma "teoria da mente" porque as mentes de outras pessoas são irredutíveis, e não diretamente observáveis, e porque não temos uma forma direta de verificar que as outras pessoas sequer têm uma mente; só podemos inferir implicitamente a existência da mente em outras pessoas com base na nossa própria mente e na nossa própria experiência.

18. Naoki Higashida, *The Reason I Jump: The Inner Voice of a Thirteen-Year-Old Boy with Autism*, trad. K. A. Yoshida e David Mitchell (Nova York: Random House, 2013).

19. Emiliano Ricciardi et al., "How the Brain Heals Emotional Wounds: The Functional Neuroanatomy of Forgiveness", *Frontiers in Human Neuroscience* 7 (2013): p. 839.

20. Hannah Arendt, *The Human Condition* (Chicago: University Chicago Press, 1958), p. 241.

Arendt é mais conhecida por sua expressão "a banalidade do mal". Incluí as ideias dela porque, se estivesse viva hoje, ela concordaria com a explicação do mundo e do comportamento humano dada por Naoki Higashida.

Capítulo 7: O Bem e o Mal Existem Realmente?

1. Adin Steinsaltz, *Thirteen Petalled Rose*, p. 96. Muitas das minhas ideias sobre a natureza da alma foram inspiradas por esse livro. Steinsaltz é um erudito proeminente e autor de inúmeros livros sobre o modo de pensar judeu.

2. J. Krishnamurti, *Freedom from the Known* (Nova York: Harper and Row, 1969), p. 13.

3. American Psychiatric Association, *Diagnostic and Statistical Manual of Mental Disorders*, 5ª ed. (Washington, DC: American Psychiatric Association, 2013).

4. Daniel Goleman, "Probing the Enigma of Multiple Personality", *New York Times*, 28 de junho de 1988, http://www.nytimes.com/1988/06/28/science/probing-the-enigma-of-multiple-personality.html.

5. Scott D. Miller, "Optical Differences in Cases of Multiple Personality Disorder", *Journal of Nervous and Mental Disease* 177, nº 8 (1989): pp. 480-86.

6. Robert Louis Stevenson, *Dr. Jekyll and Mr. Hyde* (1886; repr. Londres: Bibliolis Books, 2010), p. 95.

7. *Ibid*.

8. R. C. Byrd, "Positive Therapeutic Effects of Intercessory Prayer in a Coronary Care Unit Population", *Southern Medical Journal* 81, nº 7 (1988): pp. 826-29.

9. Giovanni Pico della Mirandola, Heptaplus, citado em C. G. Jung e W. E. Pauli, *The Interpretation of Nature and the Psyche* (Nova Jersey: Princeton University Press, 1975).

10. Sharon Dekel, Zahava Solomon e Eyal Rozenstreich, "Secondary Salutogenic Effects in Veterans Whose Parents Were Holocaust Survivors?", *Journal of Psychiatric Research* 47, nº 2 (2013): pp. 266-71.

11. Henry Melvill, "Partaking in Other Men's Sins", endereçado à St. Margaret's Church, Lothbury, Inglaterra, 12 de junho de 1855, impresso em *The Golden Lectures* (Londres: James Paul, 1855).

12. Masahiro Kawasaki et al., "Inter-Brain Synchronization During Coordination of Speech Rhythm in Human-to-Human Social Interaction", *Scientific Reports* 3, nº 1692 (2013); Uri Hasson et al., "Brain-to-Brain Coupling: A Mechanism for Creating and Sharing a Social World", *Trends in Cognitive Sciences* 16, nº 2 (2012): pp. 114-21.

13. Allan N. Schore, *Affect Regulation and the Repair of the Self*, Norton Series on Interpersonal Neurobiology (Nova York: W. W. Norton, 2003).

14. Sara Laskow, "The Role of the Supernatural in the Discovery of EEGs", *The Atlantic*, 23 de novembro de 2014.

Essa é uma boa história sobre Hans Berger, que desenvolveu o primeiro dispositivo para medir ondas cerebrais. Não é coincidência que Berger também acreditasse em telepatia?

15. *Ibid.*

16. Donald Capps, *The Religious Life: The Insights of William James* (Eugene, OR: Cascade Books, 2015).

17. Philologus, "Roots of 'Religion'", *The Forward*, 25 de maio de 2007.

18. Êxodo, 3,14.

19. Avivah Gottlieb Zornberg, *The Particulars of Rapture: Reflections on Exodus* (Nova York: Doubleday, 2001), p. 75.

Avivah Zornberg oferece uma bela e elegante interpretação da resposta misteriosa de Deus à pergunta de Moisés sobre o nome de Deus, com base nos ensinamentos e escritos originais do Maharal de Praga.

Capítulo 8: Imortalidade: A Lembrança do que É

1. T. S. Eliot, "Little Gidding", *Four Quartets, in The Complete Poems and Plays*, 1909-1950 (Nova York: Harcourt Brace, 1971), p. 145.

2. Milan Kundera, *The Unbearable Lightness of Being* (1984; repr. Nova York: Perennial Classics, 1999).

3. Ewald Hering, *On Memory and the Specific Energies of the Nervous System* (Chicago: Open Court Publishing Company, 1895).

4. William Butler Yeats, *The Second Coming* (Irlanda: The Cuala Press, 1921).

5. Karl Pribram, *Rethinking Neural Networks: Quantum Fields and Biological Data* (Nova York: Lawrence Erlbaum Associates, 1993).

6. Julian B. Barbour, *The End of Time: The Next Revolution in Physics* (Londres: Weidenfeld & Nicolson, 1999).

7. Talmud Tractate Berachot 57b.

8. Freud, *Dream Psychology*, p. 172.

9. William James, *The Varieties of Religious Experience: A Study in Human Nature*, The Gifford Lectures on Natural Religion Delivered at Edinburgh 1901-1902 (Nova York: Modern Library / Random House, 1902), p. 490. [*As Variedades da Experiência Religiosa*, 2ª ed., publicado pela Editora Cultrix, São Paulo, 2017.]

10. Salmos 126,1.

11. Max Scheler, *On the Eternal in Man* (1960; repr. New Brunswick, NJ: Transaction Publishers, 2009). Max Scheler foi um renomado estudioso da filosofia da religião. Suas obras influenciaram significativamente o pensamento do papa João Paulo II.

12. Jean-Paul Sartre, *The Emotions Outline of a Theory*, trad. Bernard Frechtman (Nova York: Philosophical Library, 1948).

13. William Wordsworth, "Lines Written a Few Miles Above Tintern Abbey", *Lyrical Ballads* (1798; repr. Londres: Penguin Books, 2006), p. 112.

14. Sigmund Freud, "The Project for a Scientific Psychology", *in The Standard Edition of the Complete Psychological Works of Sigmund Freud*, vol. 16, ed. James Strachey (Londres, Hogarth Press, 1963).

15. Thubten Chodron, *Buddhism for Beginners* (Boston: Snow Lion, 2001).

16. "Pope Francis to Religious: Do Not Fall into Spiritual Alzheimer's", agência de notícias Rome Reports, 9 de julho de 2015.

17. Don DeLillo, *Cosmopolis: A Novel* (Nova York: Scribner, 2003), p. 155.

18. Pascal, *Pensées*.

19. Rabbi Isaac Luria, 1534-1572, pai da Cabala moderna.

20. Erwin Schrödinger, *What Is Life?* (Cambridge: Cambridge University Press, 1967), p. 21.

21. A máxima "A recordação conduz à redenção" é atribuída ao rabino Israel ben Eliezer, ou Baal Shem Tov, e está gravada na entrada do Museu da História do Holocausto Yad Vashem, em Jerusalém.

Agradecimentos

O itinerário para a criação deste livro começou com vários debates estimulantes que mantive com Celeste Fine, minha agente literária na editora Sterling Lord Literistic (SLL). Foi através do enorme interesse intelectual e da abertura de Celeste a novas ideias que este livro nasceu. Lembro que foi dela o melhor elogio que poderia receber – que o esboço original do manuscrito lembrava-lhe a tentativa do seu avô de registrar suas reflexões sobre a fé em centenas de fichas individuais. Espero não tê-lo decepcionado na minha tentativa de seguir o mesmo método. Meus agradecimentos também para o agente literário John Maas, da SLL, por seu apoio e constante incentivo a este projeto.

Conheci Gary Jansen, meu editor na Crown, um selo da Penguin Random House, num almoço em um restaurante cubano em Midtown Manhattan, numa fria segunda-feira de inverno em 2013. Falamos várias horas seguidas sobre o nosso interesse comum por ciências e religião, a nossa profunda admiração por William James e a descoberta reiterada de que compartilhávamos um enorme entusiasmo por essas duas estruturas básicas de toda compreensão humana (ciência e religião) e que ambos tínhamos como objetivo de vida conciliar essas duas visões de mundo aparentemente discrepantes para o aperfeiçoamento de todos. A cada passo nesse processo, Gary me estimulou a garimpar em camadas sempre mais profundas de inspiração, sempre respeitando a mensagem central da intenção original. Com a dedicação de Gary, esta obra ficou sobremodo enriquecida.

Os editores Ian Blake Newhem e Marcus Brotherton ajudaram a adaptar o manuscrito ao longo da caminhada e acrescentaram clareza ao debate e considerações quanto ao modo de estender essa mensagem aos seus limites máximos. Ambos são pessoas extraordinárias e grandes escritores, sem cuja ajuda este livro não teria se materializado. Ian é como um poeta que me ajudou a ver a elegância da linguagem na natureza e a natureza na linguagem. A minha saudação especial a Marcus, que me ajudou a crescer muito no processo de elaboração deste livro, levando-me a descobrir aspectos mais profundos da fé e do sentido dentro de mim mesmo.

Arrisco dizer que *milagrosamente* o papa Francisco se revelou uma inspiração surpreendente durante o ano em que me dediquei a esta tarefa. Ele está nos instigando a todos, independentemente de diferenças aparentes de fé – ou da ausência de fé articulada – a sermos seres humanos melhores, mediante a busca da religião, da ciência ou da filosofia. Sua obra-prima,

O Nome de Deus É Misericórdia, é a mensagem mais importante da nossa existência, seja qual for a nossa convicção religiosa.

Tenho a enorme honra de conhecer muitas pessoas à minha volta que foram fundamentais para o meu aprendizado, antes e durante o desenvolvimento deste livro. Primeiro, minha família, e especialmente minha esposa, Rita, cujo nível de generosidade e amor com que vive cada dia eu tenho a bênção de ter em minha vida, e minhas filhas, Julia e Sofia, ambas inesgotáveis em seus questionamentos sobre o sentido da ciência, da religião e da vida. Foi através das suas perguntas existencialmente valiosas, e das minhas melhores tentativas de respondê-las, que nasceu a maioria das minhas ideias sobre *relacionamentos* e *nossa relação com Deus*. E foi através do amor delas que comecei a compreender a realidade da existência de Deus. Meus pais estão hoje no "Mundo da Compreensão", mas, com seu exemplo, sempre me ensinaram a importância do amor e da família. A intimidade com a minha família, e de modo especial com a minha irmã Joanne, irmão Robert, Scott Ross, primos Ken, Marion, Warren e Steve, meus sobrinhos, sobrinhas e sobrinhas-netas Blanca, Raul, Cathy, Lou e Bea, são meus exemplos pessoais de como a fé se materializa.

De uma perspectiva religiosa e filosófica, sou profundamente grato aos ensinamentos de *Rebe Lubavitcher, de Saudosa Memória*, pois me foram transmitidos pelo meu mais especial e querido amigo, rabino Noson Gurary. Eu amo o rabino Gurary, uma pessoa verdadeiramente justa que tenho a felicidade de ter como modelo. Sua fé é inspiração para todos que o conhecem.

Também sou abençoado por ter tantos amigos queridos, tão verdadeiros e leais quanto se poderia jamais ter, inclusive minhas mais duradouras amizades com Sammy Fox, dr. Bert Pepper – um sábio no verdadeiro sentido da palavra e que me mostrou tanta bondade e generosidade de espírito num momento difícil da minha vida – Tim Flaheretty, Dan Kolak, Perry Bard, Larry Zaret, Michael Shulman, Madeline Sorrentino, Steve Kraskow, Mitch Golden, Thom Gencarelli, Kathleen O' Connell, Jay e Brenda Lender, Robin Matza, Peter Kash, Linda Friedland, Peter Madill, Carl Germano, Kamran Fallapour, James Gordon, Aron Weber, David Ober, Michael Kelly, dr. Chris Renn e Harvey Weinstein. Sou muito abençoado por ter essas pessoas na minha vida e sou agradecido por seu amor e generosidade.

Também estou profundamente em dívida e agradecido por ter amigos de trabalho que vão além da atividade profissional por causa da nossa visão comum: dr. Ron Dozoretz, Robert Gibbs, Nancy Grden, Laura Miles, dr. Rudy Tanzi, Patrick Kennedy, dr. Lloyd Sederer, Darnley Stewart, dr. Chris Renna, dr. Jonathan Mann, dr. Duane Mitchell e dr. Dan Lucksaker.

Maimonides, Spinoza, Martin Buber, William James, Sigmund Freud, Hannah Arendt, Iain McGilchrist, Rabino Jonathan Sacks, Avivah Zornberg, Adin Steinsaltz, Jean-Paul Sartre e dr. Dan Kolak são alguns dos gigantes intelectuais e mananciais de sabedoria em que sacio a minha sede.

Muitos foram os dias de verão em que me sentei na frente do computador contemplando o majestoso lago George, e quero agradecer aos proprietários e ao pessoal do Canoe Island Lodge pela generosidade de alma com que me atenderam durante a redação de partes deste livro.

Por fim, sou agradecido a vocês que se envolveram na leitura deste livro, o qual tem sido não só uma labuta de amor, mas o ponto culminante das interrogações de uma vida. É difícil nesse ambiente saber a que devemos prestar atenção, e a minha grande esperança é que a mensagem deste livro seja relevante e significativa para você.

Com a mais profunda gratidão,

Dr. Jay Lombard
Cidade de Nova York, julho de 2016.

O Autor

Dr. Jay Lombard é neurologista e cofundador da Genomind, uma empresa voltada à melhoria da vida de pacientes com doenças psiquiátricas e neurológicas.

Antes da fundação da Genomind, o dr. Lombard trabalhou como chefe do departamento de neurologia no Bronx Lebanon Hospital, entre 2007 e 2011. Também desempenhou funções médico-acadêmicas no Hospital Presbiteriano de Nova York e na Faculdade de Medicina Albert Einstein.

O dr. Lombard trabalhou como chefe do setor de neurologia no Westchester Square Medical Center de 1995 a 2000, e no Brain Behavior Center em Rockland County, Nova York, de 2000 a 2007, onde se especializou em pacientes com distúrbios neurológicos e psiquiátricos intratáveis, inclusive doença de Alzheimer, ELA (Esclerose Lateral Amiotrófica) e autismo. Foi homenageado como um dos neurologistas mais importantes de Nova York.

O dr. Lombard escreveu e escreve com frequência sobre temas de psiquiatria e neurologia, contando com inúmeros trabalhos revisados por pares e manuais médicos, e colaborando com periódicos como *New England Journal of Medicine, Medical Hypotheses, Clinics of North America, American Journal of Managed Care* e *Expert Opinion*. Suas pesquisas incluem uma hipótese original vinculando o autismo à disfunção mitocondrial, posteriormente validada por descobertas genéticas recentes. Ele também publicou artigos em periódicos médicos com revisão paritária abrangendo temas diversos, como a doença de Alzheimer, distúrbios neuropsiquiátricos pediátricos e farmacogenômica em psiquiatria.

O dr. Lombard é ainda autor muito conhecido de obras não ficcionais populares relacionadas com os efeitos da nutrição sobre o cérebro, entre as quais *Brain Wellness Plan*, em coautoria com Carl Germano (Kensington, 1998); *Balance Your Brain, Balance Your Life*, em coautoria com dr. Chris Renna (Wiley, 2004); e *Freedom from Disease*, em coautoria com Peter Kash (St. Martin's, 2009).

Ele dá palestras sobre esses assuntos com frequência, em âmbito nacional e internacional.

Dr. Lombard é também conselheiro da indústria cinematográfica, onde atua na qualidade de consultor em medicina para os diretores laureados pela Academia Jonathan Demme e Martin Scorsese em filmes produzidos em Hollywood. Também apresenta-se como convidado em diversos programas de rádio e TV, entre os quais *Larry King Live, CBS News* e com o dr. Mehmet Oz, para discutir os desafios e avanços no tratamento de doenças neurológicas intratáveis.

Em abril de 2012, o dr. Lombard se apresentou no *TedMed*, onde proferiu palestra sobre os desafios para a compreensão de distúrbios complexos do cérebro. Jay Walker, fundador do *TedMed*, descreveu o dr. Lombard como "em parte Freud, em parte Sherlock Holmes".

O dr. Lombard concluiu seu pós-doutorado em neurologia no Centro Médico Judaico de Long Island, em 1994.

Ele mantém consultório médico na cidade de Nova York, especializado em doenças neurocomportamentais.

Impresso por :

gráfica e editora

Tel.:11 2769-9056